LED 제조공정 실기

박문수 · 정종욱 · 장행종 · 손영윤 공저

도서출판 상 학 당

머 리 말

LED는 자동화된 생산 장비로 생산되어 정밀 테스트를 거쳐 분류된다. 이들 제품은 각종 전자기기, 사무용기기, FAX 기기 등 기기전반에 걸쳐 사용될 뿐만 아니라 교통신호등용 광원 및 옥외용 전광판, 자동차용 램프는 물론 최근에 와서는 LCD 디스플레이 장치 및 휴대폰의 Back Light로 사용된다. 이에 따라 LED 제조사에서는 일반전자기기용 저휘도 LED, 조명용 고출력 LED, 신호등용 고휘도 LED 등 용도에 따라 규격화된 칩, Lead Frame, Epoxy 등의 채용으로 우수한 품질을 갖는 LED램프를 생산하고 있다. 갈수록 다양한 LED 램프의 모양과 다양한 색상 그리고 선명한 컬러를 제공할 것이다.

SMD(Surface Mounting Device) LED 램프는 정보통신기기의 소형화 추세에 발맞춘 신 개발품이다. 이 SMD LED 램프의 크기는 가로×세로×높이가 3.0×3.0×1.1mm이며 이 안에 R, G, B 칩을 넣어 full color를 구현한다. 용도에 따라 R이나 G, 또는 R과 G 2개의 칩만을 이용하여 가격을 대폭 낮춘 제품도 있다.

LED는 사용한 칩에 따라 발광색이 결정되며, 백색을 얻기 위해서는 빛의 삼원색인 R, G, B 칩을 이용한다. 최근 단일 칩을 이용한 백색 구현이 가능해졌으며, 백색램프를 구현하기 위해서는 고휘도의 청색(Blue)칩과 이를 백색으로 전환시키는 형광체가 필요하며 최근 새로운 형광체 개발로 백색램프의 대량 생산이 가능하게 되었다.

LED는 다양한 색상의 구현이 가능하고 햇빛에 노출시에도 램프의 열적 안전성이 뛰어나며 열화 현상이 없으므로 최근에는 실내외 조명 및 건축 · 경관조명, 광고판 등 그 응용분야가 확대되고 있으며, 백열등 및 형광등 등 기존 광원에 비해 소비전력 및 수명 등 성능이 우수하여 에너지 절감은 물론 환경 친화적인 차세대 광원으로 범국가적 문제와 맞물려 크게 성장될 것으로 예상된다.

이와 같이 LED 산업은 연평균 16.5%의 성장 산업으로써 현재 전광판, 자동차 및 핸드폰 및 LCD 등의 백라이트, 백색조명등 분야가 시장을 주도하고 있으며 차세대 성장 동력산업으로서 크게 발전할 것으로 예상된다.

따라서 이 책에서는 LED의 제조공정기술에 관한 지식과 기술을 현장감 있고 쉽게 습득할 수 있도록 관련장비의 설치 · 운용 및 생산 · 관리에 관한 내용을 체계적으로 쉽게 공부할 수 있게 편성하고, 특히 LED 패키징에 관련된 모든 생산 장비와 측정장비의 사용법과 운용 관리내용을 서술하여 현장기술자 및 패키징 기술을 배우고자 하는 분에게 좋은 현장의 지침서로 활용할 수 있도록 하였다.

저 자 씀

차 례

■ 제10장 LED 핸들러 테스터 ⊸ 215

■ 제11장 LED 자동 테이핑기 ⊸ 245

제 1 장

LED의 구조와 종류

제1절 LED의 구조 및 재료

1. 개 요

발광다이오드(LED : Light Emitting Diode)는 반도체에 전압을 가할 때 생기는 발광현상은 전기 루미네선스 전기장발광이라고 하며, 1923년 탄화규소 결정의 발광 관측에서 비롯되는데, 1923년에 비소화갈륨 pn 접합에서의 고발광효율이 발견되면서부터 그 연구가 활발하게 진행되었다. 1960년대 말에는 이들이 실용화되기에 이르렀다.

LED는 pn접합에 순방향으로 전류를 흐르게 함으로써 빛을 발생시키는 다이오드이다. p형으로부터 정공이, n형으로부터 전자가 각각 n형과 p형측으로 주입되는데, 이들 양 캐리어의 일부는 재결합하여 소멸된다. 이 때 소멸된 캐리어가 가졌던 에너지가 빛으로 발생한다. 이 빛 발생의 상세한 과정 · 메커니즘은 재료에 따라 차이가 있다. 또 이것에서 발생하는 빛은 보통 적외선 또는 이에 가까운 파장의 빛이지만, 이 중에는 가시광선을 내는 다이오드도 있다. 발광다이오드는 낮은 전압으로도 동작되고 수명이 길며, 또한 고휘도(高輝度)의 빛을 내는 등의 이점이 있기 때문에 디스플레이 · 통신 등에 활용된다.

발광다이오드에 적합한 재료로는

① 발광파장이 가시(可視) 또는 근적외영역(近赤外領域)에 존재할 것
② 발광효율이 높을 것
③ pn접합의 제작이 가능할 것

등의 조건을 만족시키는 것으로서 주로 비소화갈륨 GaAs, 인화갈륨 GaP, 갈륨-비소-인 GaAs1-x Px, 갈륨-알루미늄-비소 Ga1-xAlxAs, 인화인듐 InP, 인듐-갈륨-인 ln1-xGaxP 등 3B 및 5B족인 2원소 또는 3원소 화합물 반도체가 사용되고 있는데, 2B, 6B족이나 4A, 4B족인 것에 대하여도 연구가 진행되고 있다.

2. LED의 구조

LED의 발광기구는 크게 나누어

① 자유 캐리어의 재결합에 의한 것
② 불순물 발광중심에서의 재결합에 의한 것

이 있다.

①에서 발광파장은 대략 ch/Eg(c는 광속, h는 플랑크 상수, Eg는 금지대의 에너지 폭)와 같으며, 비소화갈륨의 경우에는 약 900nm인 근적외광이 된다. 갈륨-비소-인에서는 인의 함유량 증가에 따라 Eg가 증가하므로 가시발광 다이오드가 된다.

한편, ②에서 발광파장은 반도체에 첨가되는 불순물의 종류에 따라 다르다. 인화갈륨인 경우 아연 및 산소 원자가 관여하는 발광은 적색(파장 700nm)이고, 질소 원자가 관여하는 발광은 녹색(파장 550nm)이다. 발광다이오드는 종래의 광원(光源)에 비해 소형이고, 수명은 길며, 전기에너지가 빛에너지로 직접 변환하기 때문에 전력이 적게 들고 효율(效率)이 좋다.

또한 고속응답이라 자동차 계기류의 표시소자, 광통신용 광원 등 각종 전자기기의 표시용 램프, 숫자표시 장치나 계산기의 카드 판독기 등에 쓰이고 있다.

이렇게 빛을 방출하는 칩은 보편적으로 $0.25mm^2$로 매우 작으며 LED 크기는 플라스틱 렌즈와 리드 프레임으로 결정된다. 현재 가장 보편적으로 사용하는 LED는 5mm 플라스틱 패키지(package)이나 특정 응용분야에 따라 새로운 형태의 패키지를 개발하고 있다.

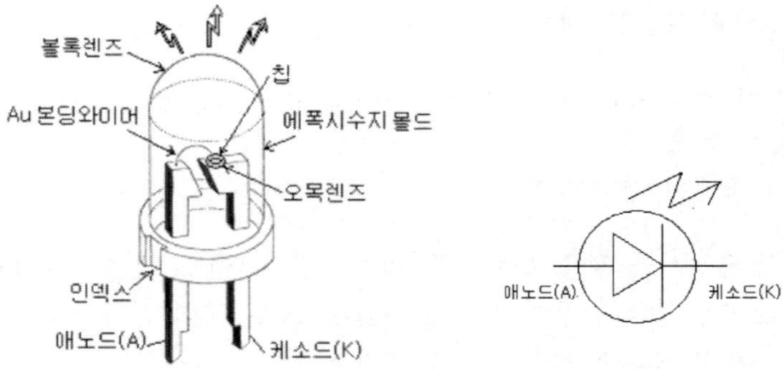

[그림 1-1] LED의 구조 및 기호

[그림 1-1] 은 Lamp형 LED 패키지와 기호를 나타낸다. LED에서 방출하는 빛의 색은 반도체 칩 구성원소의 배합에 따라 파장을 만들며 이러한 파장이 빛의 색을 결정짓는다. 현재 고휘도 LED에 주로 사용하는 AlGaInP(Aluminium

Gallium Indium Phosphide) 칩에서는 red부터 amber까지, InGaN(Indium Gallium Nitride) 칩에서는 blue와 green 그리고 blue 칩에 phosphor 기술을 접목하여 white LED를 가능하게 하였다.

가시광선 스펙트럼은 각각의 색깔에 해당하는 파장을 보여주고 있는데 red에 가까울수록 긴 파장을 violet(보라색)에 가까울수록 짧은 파장을 나타내며 파장이 짧을수록 좀더 많은 에너지가 필요하다.

[그림 1-2]는 LED의 파장대별 발광색을 나타내었다.

color	파장[nm]	color	파장[nm]
violet	400~430nm	amber	590~595nm
blue	430~480nm	orange	600~615nm
green	490~530nm	orange-red	620~640nm
yellow	550~580nm	red	645~700nm

[그림 1-2] LED의 파장대별 발광색

3. LED 광원의 특징

단파장의 발광다이오드는 이하에 나타내는 것과 같은 뛰어난 특징을 갖고 있다. 환경 친화적이고 안전한 '새로운 고체소자 조명광원'으로서 21세기를 향하여 그 실용화가 기대된다.

① 광변환 효율이 높기 때문에 소비전력이 매우 적다(전구의 1/8, 형광등의 1/2).
② 작은 광원이기 때문에 소형화, 박형화, 경량화를 할 수 있다.
③ 수명이 길다(50~100배).
④ 열적 방전적 발광이 아니기 때문에 여열시간이 불필요하여 점등, 소등속도가 매우 빠르다(200만배).
⑤ 점등회로, 구동장치 등의 기구를 간이로 할 수 있어 부속품이 적게 든다.
⑥ gas, filament가 없기 때문에 충격에 강하고 안전하다.

⑦ 안정적인 직류 점등방식을 위한 소비전력이 적고 고반복, 펄스 동작이 가능하고 또한 시신경의 피로를 저감할 수 있다.

⑧ intelligent 조명광원이다.

⑨ 반영구적인 사용이기 때문에 쓰레기를 발생시키지 않는다.

⑩ 형광등과 같은 수은, 방전용 가스를 사용하지 않기 때문에 환경친화적인 조명광원이다.

4. LED에 사용되는 반도체 재료

가. general급

GaP	GaN	GaAs	GaAlAs
green, red	blue	red, infrared	red, infrared

나. super급

GaAlAs	GaAsP	GaN	InGaN	GaP
red	red, yellow	blue	green	green

다. ultra급

GaAlAs	InGaAlP	GaN	InGaN
red	yellow, orange, red	blue	green

5. LED 재료의 파장별 색

LED는 휘도에 따라 general급, super급, ultra급으로 나눠진다. 100mcd 이하는 general급이고, 500mcd 이하는 super급, 그 이상은 ultra급이다.

가. general급

파장 [mm]	400~450	450~470	470~557	557~567	567~572	572~585	585~605	605~630	630~700
발광색	pure blue	general blue	pure green	general green	yellow green	general yellow	general mber	general orange	general red

나. super급

파장	470mm	572mm	650mm	660mm
발광색	super blue	super yellow green	super red	super red

다. ultra급

파장	591mm	610mm	624mm	639mm	660mm
발광색	ultra yellow	ultra Amber	ultra orange	ultra red	ultra red

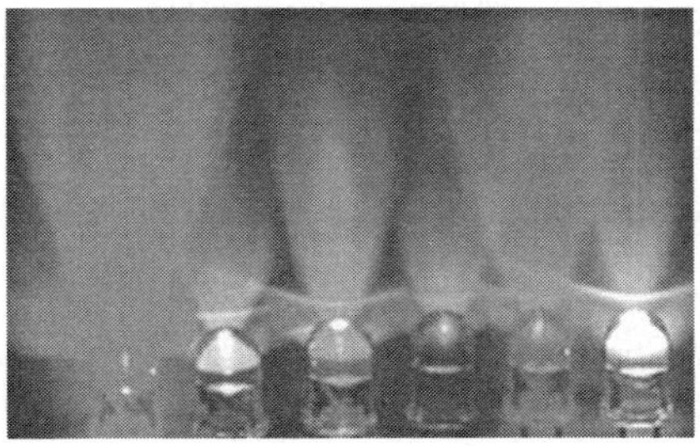

[그림 1-3] LED의 발광색

[그림 1-3]은 LED의 발광색이다.

제2절 LED의 종류와 용도

1. LED의 용도와 사용법

가. LED의 용도

LED는 일반 전자기기의 표시등이나 숫자표시에 사용됨으로써 우리생활과 친숙해졌다. 초창기에는 낮은 휘도와 색깔의 한계가 있었으나 현재 새로운 LED 원재료와 진보된 생산기술로 백색을 포함한 가시광선 영역의 모든 색깔의 고휘도 LED가 생산되고 있으며 이러한 고휘도, 고효율, 다양한 색깔의 LED는 이미 선진국 및 국내에서 대형 전광판, 비상구등, 교통신호등, 승용차/트럭 각종 표시등에 응용되고 있다. LED는 작고, 가볍고, 내구성이 크며, 긴 수명은 향후 한층 더 광범위한 영역에서 응용되며 많은 전문가들은 우리가 일상생활에서 접하는 기존 광원을 결국은 대체할 것으로 전망하고 있다.

나. LED의 사용법

구동방법으로는 병렬형, 직렬과 병렬의 병용형, 매트릭스형이 있다. 병렬형은 각각의 LED를 독립해서 구동하기 때문에 숫자표시나 레벨미터 등 소수의 LED를 이용한 디스플레이의 구동에 적용한다. 병용형은 다수의 LED 소자를 사용하는 옥외용 LED 램프 등의 구동에 이용된다. 그리고 매트릭스형은 복잡한 문자, 화상표시 등에 이용된다.

2. LED의 종류

LED 발광색상은 현재 빨강・녹색・노랑・오렌지・청・백색 등이 개발되어 있다. 첨가하는 불순물의 함량에 따라 재질의 파장이 달라 파장은 인간의 가시광선 영역인 400nm에서 700nm 사이이며 적색은 700nm대, 녹색은 565nm, 노랑은 585nm, 오렌지색은 635nm의 파장을 형성하고 있다.

청색 LED는 질화갈륨비소와 사파이어 등을 이용하여 기존의 세계 최고 휘도제품의 7배 휘도제품을 개발하였다. 백색 LED는 백색에 해당되는 단일 파장은 존재하지 않기 때문에 2가지 색 이상의 조합으로 백색을 구현할 수 있다. 즉 빛의 3원색은 적색, 녹색, 청색으로 이 들 3원색을 혼합하여 백색을 만든다. [그림 1-4]에 3원색 혼합법을 보였다.

또한, 보색을 혼합함으로써 백색을 구현할 수 있으며, 황색과 청색, 청록색(cyan)과 황갈색(amber), 녹색과 자홍색(magenta)을 각기 혼합하여 백색을 구현할 수 있다. <표 1-1>은 백색 LED 구현방법과 특성을 나타내었다.

LED는 반도체라는 특성으로 인해 처리속도, 전력소모, 수명 등의 제반사항에서 큰 장점을 보여 각종 전자제품의 전자표시 부품으로 각광받고 있다. 기존 전구램프처럼 눈이 부시거나 엘레멘트가 단락되는 경우가 없는 LED는 소형으로 제작돼 각종 표시소자로 폭넓게 사용되고 있으며 반영구적인 수명(약 1백만시간)으로 그 활용도가 높다.

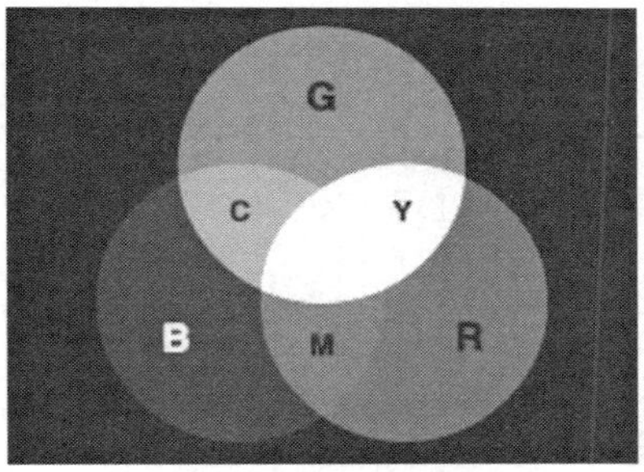

[그림 1-4] 3원색 혼합

〈표 1-1〉 백색 LED 구현방법별 특성

구분	1-chip solution		2-chip solution	3-chip solution
구현방법	청색 LED + 황색 형광체	UV LED + RGB 형광체	binary complementary	RGB multichip
연색성	△	◎	△	○
색안정성	○	◎	△	△
수명	△		○	○
효율	△	◎	○	○
형광체	양산중	양산중	필요없음	필요없음
특징	제조용이, 색상균일성 떨어짐	좋은 연색성, 패키지 재료의 내자외선 요구	좋은 출력, 연색성 떨어짐	좋은 색 연출성, 좋은 출력신뢰성 떨어짐
응용	백라이트	조명	Task light	전광판

3. LED의 활용분야

가. 점 발광 LED

각종 기기의 스위치 on/off나 기능표시를 비롯하여 완구·오락 등 폭넓게 활용된다. <표 1-2>에서 LED의 활용분야와 응용기술을 나타내었다.

나. 복합표시소자

7세그멘트형과 매트릭스형이 있는데, 현재 각 세그멘트에 LED 칩을 배열하여 반사판을 이용하는 세그멘트형이 주류를 이룬다.

다. 옥외표시 LED

종래 LED는 휘도부족 때문에 실내표시에 사용되어 왔으나 최근 LED는 고휘도화, 다색화, 저가격화가 진전되어 옥외표시·차량 등 새로운 응용이 전개되었다. 옥외형 대형 LED는 복수의 LED를 동일 하우징 내에 직접 설정하는 것에 의해 휘도를 향상시킨 것이다.

라. LED 패널 디스플레이

여러 사람을 대상으로 한 정보표시로서 LED를 매트릭스형상에 배치한 패널 디스플레이를 말한다. 역구내나 공항내의 교통정보표시에 이용되고 있다.

〈표 1-2〉 LED의 활용분야

분 야	응 용 기 술	비 고
통신	- 초단거리 유/무선통신용 광원	메모리반도체 이후 최대의 응용분야
산업	- 자동차 내외장램프 - 교통신호등/도로표시용 - 직/간접조명 - display/sign - back-light (소형가전, 휴대폰) - decoration	
의료	- 살균용 광원(UV) - dental curing	
기타	- 위폐 식별기 - 완구류/기계/스포츠 용품 표시기	

제 2 장

반도체의 제조공정

제1절 반도체 제조

1. 개 요

반도체 소자(반도체디바이스)는 반도체 결정기판의 전기전도율 · 전기전도형(n형, pn형… 등)을 부분적으로 바꾸거나 필요한 부분에 전극 고착과 배선 등을 해서 만든다. 반도체 단결정을 제조할 때에는 결정 전체의 전기전도율 · 전기전도형이 가능한 한 전체적으로 일정하게 되도록 제어하는데, 이렇게 만든 결정에 전극부착과 배선만을 해서 만드는 소자는 광전도셀 · 홀소자 · 펠티에 소자가 있는 정도이며 그다지 많지는 않다. 또 단결정을 제조하는 도중에 일부분의 전기전도형을 바꾸어서 pn접합이 이루어지게 하여 성장시키는 트랜지스터 제조법도 이용된 적이 있었으나, 결정에서 접합이 이루어진 부분만 사용될 뿐, 결정의 대부분을 버리게 되므로 양산성(量産性)이 너무 낮아 현재는 사용되지 않고 있다. 단결정을 절단한 박판(웨이퍼)을 기판으로 사용하여 소자를 만드는 기법에서는 앞에서와 같이 박판의 전기전도형을 부분적으로 바꾸는 방법을 이용하는데, 이 방법에는 합금법 · 불순물 확산법 · 불순물 이온주입법 · 에피택시법 등이 있다.

2. 반도체 제조법

가. 합금법

낮은 온도에서 인듐 · 알루미늄 등 반도체결정과의 합금을 만드는 기법인데, 여기서는 전기전도형을 바꿀 수 있는 금속을 재료로 이용한다. 이전에는 이 방법으로 게르마늄 합금형 트랜지스터, 실리콘다이오드 등이 제조되었지만 접합부분의 정밀 제어가 어렵고, 또한 박판의 일괄 생산이 불가피하기 때문에 현재는 거의 사용되고 있지 않다.

나. 불순물 확산법

확산층 두께를 제어하기가 쉽고, 산화규소 SiO의 막을 마스크로서 사용하며, 확산영역의 정밀 제어도 가능하다. 또 확산시키는 불순물 종류에 따라 p형층 · n형층을 자유롭게 이룰 수 있게 할 수 있어 널리 활용되고 있다. 예컨대 플레이너 트랜지스터 제조의 경우에는 산화막(산화규소막)에 뚫은 구멍으로 붕소를 확산시켜 베이스로써의 p형층을 만들고, 또 이 p형층 위에 만들어지는 산화막에 두번째 구멍을 뚫고 이를 통해 인을 확산시켜 이미터로서의 n형층을 만든다.

끝으로 한 번 더 산화막에 구멍을 뚫어서 베이스 · 이미터 양 층에 전극을 고착시키면 플레이너 트랜지스터가 완성된다. 이 방법을 활용하면 박판 위에 다수의 트랜지스터를 동시에 만들 수 있을 뿐만 아니라, 리소그래피를 이용하여 베이스 · 이미터 양 영역을 정밀하게 제어할 수 있으므로 성능이 우수하고 가격이 싼 트랜지스터를 양산할 수 있게 되었다.

다. 불순물 이온주입법

불순물의 이온을 주입하여 반도체소자를 만드는 기법으로써 집적회로 제작의 기본적 기술이다.

① 상온에서도 주입할 수 있다.
② 마스크로서 산화막 · 다결정막뿐만 아니라 감광성 수지(포토레지스트)막도 사용할 수 있다.
③ 불순물의 첨가량을 정밀하게, 또 균일하게 되도록 제어할 수 있다.
④ 1000℃ 이하의 열처리로 충분하다.
⑤ 주입 층의 두께를 이온의 가속전압으로 제어할 수 있다.

는 등의 이점이 갖추어져 있다.

불순물확산법과 마찬가지로 바이폴라(쌍극)트랜지스터의 베이스 또는 이미터의 형성, 모스트랜지스터(MOS Transistor : Metal Oxide Semiconductor Transistor)의 소스 및 드레인의 형성 등에 활용되고 있고, MOS 트랜지스터의 역치전압의 조정 등에도 이용되고 있다.

라. 에피택시법

결정을 성장시키는 한 가지 기법이라 할 수 있지만, 결정의 성장 속도가 초크랄스키법 속도의 1/1000밖에 안될 정도로 느리므로, 이 방법은 보통 두께가 수μm

정도인 소자용 결정층의 제작에 이용된다. 특히 이 기법의 특징으로서 불순물 농도를 기판결정에 대해 독립적으로 설정할 수 있다는 점을 들 수 있다. 즉 이 기법으로는 바이폴라 집적회로의 소자층을 만드는 경우와 같이 고불순물 농도층 위에 저불순물 농도층을 형성시키는 등의 조작이 가능하다.

예를 들면 바이폴라 집적회로를 만드는 경우 먼저 p형 기판 위에 n형 주입층(+는 고불순물농도를 나타낸 것)이 확산에 의해 만들어지고, 그 고저항(高低抗)의 n형층이 에피택시에 의해 만들어지며, 이어서 이 n형층 안에 저항 · 다이오드 · 트랜지스터가 만들어져 자리잡게 된다. 그리고 화합물반도체 분야에서는 액체상 에피택시로 저온에서 양질의 결정층을 형성하게 하는 기법이 건다이오드(gunn diode)의 동작층(動作層) · 전극층, 레이저 다이오드의 헤테로접합, 발광다이오드의 pn접합 등의 제조에 이용된다.

3. 반도체 제조공정 설비

반도체산업을 장치산업이라고 한다. 그만큼 반도체 제조과정이 제조설비에 크게 의존한다는 의미이다. 반도체설비는 1947년 미국의 벨연구소에서 트랜지스터가 발명된 이후 산업화과정을 거치면서 고도의 첨단설비로 발전하였으며 다음과 같은 특징을 갖게 되었다.

① 가격이 엄청난 고가이며 따라서 투자부담이 크다.
② 프로세스 조건에 크게 의존한다.
③ 전기, 전자, 기계 등 여러 기술의 종합적 산물로서 점점 복잡화, 다양화되었다.
④ 반도체 제조기술의 빠른 발전 속도에 따라 그만큼 진부화가 빠르고 유효수명이 짧다.
⑤ 진공, 불순입자 등 트러블이 많아 세심한 주의가 필요하다.
⑥ 반도체제품의 수율이나 신뢰성에 크게 영향을 미친다.
⑦ 따라서 최초 제작이나 구입시도 중요하지만, 사용 중에도 최적상태로의 유지, 보수가 생산성 향상에 중요한 요인이 된다.

반도체설비는 크게 설계 설비, 공장설비 그리고 조립/검사설비로 나눌 수 있는데 모두 점차로 복잡화, 자동화, 고기능화한다는 공통점이 있다. 여기서는 공정설비 중심으로 그 종류를 알아보기로 한다.

<표 2-1>에 반도체 제조공정에 따른 설비를 나타내고 주요내용을 설명하였다.

〈표 2-1〉 반도체 제조공정 설비

공정명	설비명	주요내용
확산 (diffusin)	H-Furnace V-Furnce	'확산'이란 한 물질이 어떤 다른 물질 속으로 퍼져나가는 것을 말한다. 맑은 물위에 잉크를 떨어뜨리면 물속으로 잉크가 퍼져나가는 것을 볼 수 있다. 그러나 반도체공정에서는 이러한 액체간의 확산이 아니라 고체간의 확산이 이루어지며, 빠른 확산을 위해 환경을 고온 처리해주어야 한다. 이처럼 고온의 환경을 만들어주는 설비가 furnace(爐)이다. 용광로를 사용하는 제철소와는 달리 반도체라인에서는 석영관에 코일을 감은 전기로를 사용하며 웨이퍼를 집어넣는 방식에 따라 수평식(horizontal)과 수직식(vertical)의 두 가지가 있다.
화학기상 증착 (CVD)	AP-CVD LP-CVD PE-CVD	CVD란 Chemical Vapor DePosition의 약자로서 보호막을 만들 때 사용되는 공정을 의미하지만, 설비를 지칭할 때도 사용된다. AP, LP, PE 등의 공정환경을 의미하는 약어를 붙여 구분하는데 여기서 AP는 常壓(Atomospheric Pressure), LP는 低壓(Low Pressure), PE는 플라즈마(Plasma Enhanced)를 의미한다.
사진 (photo)	coater	감광액(PR:Photo Resist) 도포설비. 웨이퍼 표면에 감광액을 고르게 도포해주는 설비
	stepper	반도체제조용 카메라. 자외선(UV선)을 이용하여 마스크상의 회로패턴을 감광액이 도포된 웨이퍼 표면에 전사해주는 설비
	aligner	정렬기. 미세한 회로패턴이 그려진 마스크를 반복적으로 축소투영하게 되는데 웨이퍼상의 위치와 마스크가 정확히 일치하도록 정렬시켜 주는 설비
	developer	현상기. 빛에 노출되어 성질이 변한 감광액을 현상액으로 제거해주는 설비
박 막 (thin film)	implanter	이온주입장치. 불순물 주입공정에 사용되는 설비로서 불순물 원자이온을 고속으로 가속하여 웨이퍼 속으로 주입해주는 장치. 가속에너지 정도에 따라 high implanter와 medium implanter가 있다.
	sputter	금속증막장치. 알루미늄(Al)원자를 웨이퍼 표면에 부착시켜 소자간에 연결배선을 만들어주는 설비
	grinder	반도체의 특성에 치명적인 영향을 미치는 원소중에 대표적인 것이 나트륨(Na)인데, 이 나트륨을 제거하기 위해 나트륨을 웨이퍼 뒷면으로 몰아서 나중에 그 뒷면을 갈아서 제거할 때 사용하는 설비이다.
식 각 (etch)	etcher	웨이퍼 위에 형성된 패턴대로 필요한 부분을 선택적으로 깎아내는 설비
	stripper	식각공정이 끝난 후 남아 있는 감광액을 제거해주는 설비
	station	세척설비. 매 공정 후에는 항상 웨이퍼를 세척해주어야 한다.

제2절 반도체 소자 제조공정

1. 반도체 제조공정

[그림 2-1] 실리콘 웨이퍼

반도체 집적회로는 손톱만큼이나 작고 얇은 실리콘칩에 지나지 않지만 그 안에는 수만 개에서 수천만 개 이상의 전자부품들(트랜지스터, 다이오드, 저항, 커패시터)이 가득 들어 있다. 이러한 전자부품들이 서로 정확하게 연결되어 논리게이트와 기억소자 역할을 하게 되는 것이다.

칩 속의 작은 부품들은 하나하나 따로 만들어서 조립되는 것이 아니다. 그것은 불가능하다. 대신 부품과 그 접속부분들을 모두 미세하고 복잡한 패턴(문양)으로 만들어서 여러 층의 재료 속에 그려 넣는 방식을 사용한다. 그러기 위해서는 문양을 사진으로 찍어 축소한 마스크를 마치 사진 인화할 때의 필름처럼 사용한다.

가. 웨이퍼와 칩

땅속의 원소 중 산소 다음으로 풍부한 물질이 바로 규소, 즉 실리콘이다. 이 실리콘을 정제해서 단결정으로 만든 것이 집적회로(IC)를 만드는 재료이며, 이것이 실리콘 단결정인 잉곳(ingot)이다. 실리콘 잉곳은 수백 μm의 두께로 절단되어 한쪽면을 거울같이 연마한 실리콘 웨이퍼(wafer)가 된다. 집적회로는 이 실리콘 웨이퍼의 표면에 만들어진다.

한 장의 웨이퍼에서 얻을 수 있는 칩수를 증가시키기 위해서는 칩 크기를 줄이거나, 웨이퍼 크기를 크게 할 필요가 있다.

(1) Carrier

웨이퍼를 담는 용기로 25장을 담을 수 있는 홈이 있다. 종류로는 청색캐리어, 백색캐리어, 흑색캐리어, 금속캐리어가 있다.

㉮ 청색캐리어

폴리프로필렌 재질로 되어 있으며 색은 청색, 화공약품에는 강하나 열에 약하다.

㉯ 백색캐리어

테프론 재질로 되어 있으며 색은 백색, 화공약품과 열에 모두 강하나 가격이 비싸고 무겁다.

(2) Run

웨이퍼를 가공하기 위해서 25장을 1묶음으로 구성하는 것으로 웨이퍼가공(FAB)은 Run단위로 진행된다.

(3) Lot

웨이퍼의 한 묶음이다.

(4) 웨이퍼

반도체물질로 만들어진 얇고 둥근 조각. 이 위에 집적회로를 만들어 넣게 된다. 현재 대부분 반도체 제조회사는 실리콘웨이퍼를 사용하고 있으며, 지름크기에 따라 현재 4", 5", 6", 8", 12"를 사용하고 있으며 향후 점차적으로 커지게 될 것이다.

(5) 마스크(Mask)

웨이퍼 위에 만들어질 회로패턴의 모양을 각 층(layer)별로 유리판 위에 그려놓은 것으로 사진공정시 스테퍼(반도체 제작용 카메라)의 사진건판으로 사용된다.

(6) 리드 프레임

보통 구리로 만들어진 구조물로서 조립공정시 칩이 이 위에 놓이게 되며, 가는 금선(金線)으로 칩과 연결된다. 이렇게 하여 IC칩이 외부와 전기신호를 주고받게 되는 것이다.

나. 웨이퍼의 각부 명칭

(1) 칩(chip), Die

전기로 속에서 가공된 전자회로가 들어 있는 아주 작은 얇고 네모난 반도체 조각. 수동소자, 능동소자 또는 집적회로가 만들어진 반도체이다.

(2) scribe line

아무런 유니트나 회로가 없는 지역으로 웨이퍼를 개개의 칩으로 나누기 위해 톱질하는 영역이다.

(3) TEG(Test Element Group)

각 웨이퍼는 특이한 패턴의 칩 혹은 다이가 몇 개 있다. 현미경으로 보면 다르다는 것을 확실히 알 수 있다. 이는 정상적인 다이와 같은 공정으로 형성된 특별한 테스트소자가 들어 있다. IC의 트랜지스터, 다이오드, 저항 및 커패시터는 너무 작아서 공정중에 테스트하기가 어려우므로 테스트 다이는 공정 중의 품질관리를 위해서 만들어진다. 또한 테스트 다이는 수율을 높이는데도 기여하는데, 완성된 웨이퍼의 패턴이 여러 공정의 질을 보여주기 때문이다. 그러나 요즘에는 별도의 TEG Die를 만들지 않고 scribe 라인에 바로 만들어주기도 한다.

(4) edge die

웨이퍼는 가장자리 부분에 미완성의 다이를 가진다. 이들은 미완성이기 때문에 결국 웨이퍼의 손실이 된다. 작은 웨이퍼에 큰 다이를 만든다면 웨이퍼의 손실률도 그만큼 커지게 된다. 때문에 보다 큰 지름의 웨이퍼를 생산하는 요인이 되는 것이다.

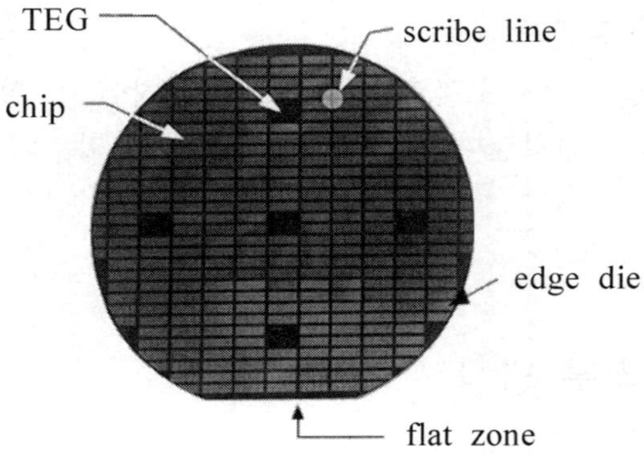

[그림 2-2] 웨이퍼

(5) flat zone

웨이퍼의 결정구조는 육안으로는 식별 불가능하다. 따라서 웨이퍼의 구조를 구별하기 위해 결정에 기본을 둔 플랫 존을 만들어준다. 스크라이브 라인 중의 하나는 플랫 존에 수직이 되고 다른 하나는 수평하게 된다.

2. 반도체 제조라인

가. FAB 라인

웨이퍼 가공(FAB rication) 공정이 진행되는 라인으로 다음과 같은 모양이다.

(1) 베 이

베이(bay)란 원래 만(灣)이란 뜻인데, 라인 내부의 각 룸(room)들이 마치 해안의 만처럼 생겼기 때문에 이런 이름으로 불리게 되었다. 베이의 양벽을 기준으로 설비의 조작부분은 베이 안에, 나머지부분은 베이 밖에 놓이도록 설치되어 있다.

(2) 서비스 에어리어

베이 밖으로 설비가 돌출된 부분이나 외곽의 복도를 말하는데, 이곳에서 공정작업이 아닌 설비수리나 공구이동이 이루어진다. 베이보다는 조금 낮은 청정도로 관리된다.

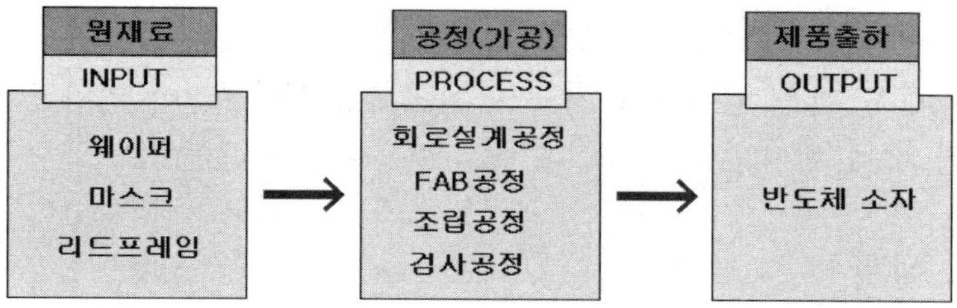

[그림 2-3] 반도체 제조라인

나. 조립라인

웨이퍼상의 칩을 개개의 소자로 잘라서 리드 프레임과 결합하여 완제품으로 조립하는 라인이다.

다. 검사라인

완성된 제품이 제대로 동작하는지를 검사하는 라인이다.

3. 웨이퍼 제조공정

가. 웨이퍼 제조 및 회로설계

(1) 단결정 성장

고순도로 정제된 실리콘용 용액에 speed 결정을 접촉, 회전시키면서 단결정 규소봉(ingot)을 성장시킨다.

(2) 규소봉 절단

성장된 규소봉을 균일한 두께의 얇은 웨이퍼로 잘라낸다. 웨이퍼의 크기는 규소봉의 구경에 따라 3", 4", 6", 8"로 만들어지며 생산성 향상을 위해 점점 대구경화 경향을 보이고 있다.

(3) 웨이퍼 표면연마

웨이퍼의 한쪽 면을 연마하여 거울 면처럼 만들어주며, 이 연마된 면에 회로 패턴을 그려 넣게 된다.

(4) 회로 설계

CAD(Computer Aided Design) 시스템을 사용하여 전자회로와 실제 웨이퍼 위에 그려질 회로패턴을 설계한다.

(5) mask(reticle) 제작

설계된 회로패턴을 E-beam 처리로 유리판 위에 그려 mask(reticle)를 만든다.

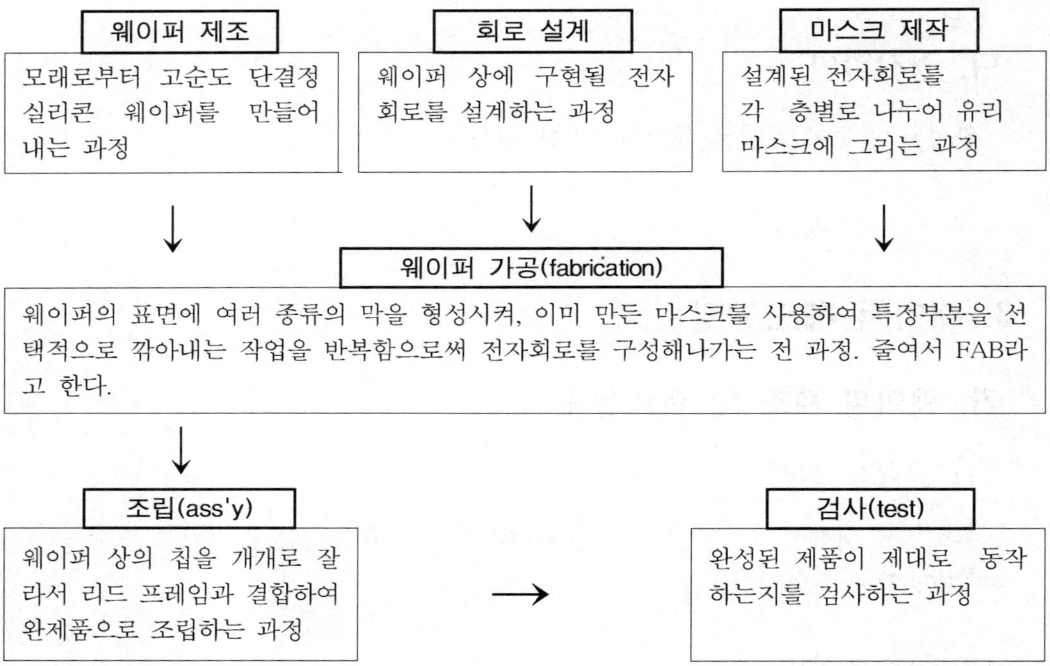

[그림 2-4] 반도체 제조공정

나. 웨이퍼 가공

(1) 산화(oxidation) 공정

고온(800~1200℃)에서 산소나 수증기를 실리콘 웨이퍼 표면과 화학반응시켜 얇고 균일한 실리콘산화막(SiO_2)을 형성시키는 공정이다.

(2) 감광액(PR : PhotoResist) 도포

빛에 민감한 물질인 PR을 웨이퍼 표면에 고르게 도포시킨다.

(3) 노 광(exposure)

stepper를 사용하여 mask에 그려진 회로패턴에 빛을 통과시켜 PR막이 형성된 웨이퍼 위에 회로패턴을 사진찍는 공정이다.

(4) 현 상(develpoment)

웨이퍼 표면에서 빛을 받은 부분의 막을 현상시키는 공정(일반 사진현상과 동일)이다.

(5) 식 각(etching)

회로패턴을 형성시켜 주기 위해 화학물질이나 반응성 가스를 사용하여 필요 없는 부분을 선택적으로 제거시키는 공정으로 패턴형성 과정은 각 패턴층에 대해 계속적으로 반복된다.

(6) 이온주입(ion implantation) 공정

회로패턴과 연결된 부분에 불순물을 미세한 가스입자 형태로 가속하여 웨이퍼의 내부에 침투시키므로써 전자 소자의 특성을 만들어준다. 이러한 불순물주입은 공온의 전기로 속에서 불순물입자를 웨이퍼 내부로 확산시켜 주입하는 확산(diffusion) 공정에 의해서도 이루어진다.

(7) 화학 기상증착(CVD : Chemical Vapor Deposition) 공정

가스간의 화학반응으로 형성된 입자들을 웨이퍼 표면에 증착(蒸着)하여 절연막이나 전도성막을 형성시키는 공정이다.

(8) 금속배선(metallization)

웨이퍼 표면에 형성된 각 회로를 알루미늄선을 연결시키는 공정이다.

다. 조립 및 검사

(1) 웨이퍼 자동선별(EDS test)

웨이퍼에 형성된 IC칩들의 전기적 동작여부를 컴퓨터로 검사하여 불량품을 자동 선별하는 공정이다.

(2) 웨이퍼 절단(sawing)

웨이퍼 상의 수많은 칩들을 분리하기 위해 다이아몬드 톱을 사용하여 웨이퍼를 절단하는 공정이다.

(3) 웨이퍼 표면연마

웨이퍼의 한쪽 면을 연마하여 거울 면처럼 만들어주며 이 연마된 면에 회로패턴을 그려 넣게 된다.

(4) 금속연결(wire bonding)

칩 내부의 외부 연결단자와 리드 프레임을 가는 금선으로 연결하여 주는 공정이다.

(5) 성형(molding)

칩과 연결 금선부분을 보호하기 위해 화학수지로 밀봉해주는 공정이다.

(6) 최종검사(final test)

성형된 칩의 전기적 특성 및 기능을 컴퓨터로 최종검사하는 공정으로 최종 합격된 제품들은 제품명과 회사명을 marking한 후 입고검사를 거쳐 최종 소비자에게 판매된다.

제 3 장

반도체 패키지기술과 조립공정

제1절 반도체 패키지

1. 개 요

반도체칩의 소형화, 다기능화, 고성능화, 대용량화가 급속하게 이루어짐에 따라 반도체 패키징 기술은 최종적으로 디바이스의 전기적 성능, 신뢰성, 생산성 및 전자시스템의 소형화를 결정짓는 핵심기술로서 그 중요성이 날로 더해가고 있다.

패키징 기술이란 간단히 말해서 웨이퍼 프로세스가 끝난 반도체칩을 최종적으로 제품화하는 일련의 공정을 말한다. 여기서는 패키지(package, PKG)의 기능과 요구조건을 먼저 알아보고, 최근에 단위체적당 실장효율을 높이기 위하여 급부상하고 있는 BGA(Ball Grid Array) 패키지, 칩크기와 거의 같은 크기의 CSP(Chip Size Packge) 패키지, 칩 위에 또 다른 칩을 쌓아올리거나, 기능이 다른 여러 개의 반도체칩을 하나의 패키지 안에 배열하는 다중 칩 모듈(MCM : Multi Chip Module)을 다룬다. 이어서 반도체칩의 조립(assembly) 공정에 대해 알아본다.

2. 반도체 패키지의 기능

가. 반도체 패키지의 기본 요소

웨이퍼 한 장에는 동일한 기능을 갖는 집적회로 칩이 수십 개에서 수백 개까지 일괄 제작된다. 그러나 이들 칩 자체만으로는 외부로부터의 전기를 공급받아 신호를 전달하거나 받을 수가 없다. 또한 칩은 미세한 회로로 구성되어 있기 때문에 외부 충격에 쉽게 손상될 수 있다.

따라서 PCB에 장착되기 전 칩 자체로는 완전한 제품으로 볼 수 없다.

[그림 3-1]은 전형적인 반도체 패키지의 기본 요소를 보여준다. 그림에서와 같이 칩의 입출력 및 전원 단자들을 외부 리드 프레임(lead frame)이나 테이프에 전기적으로 연결하고, 표면을 습기와 오염으로부터 보호하며, 또한 부식과 기계적인 충격에도 잘 견딜 수 있도록 밀봉하여 각종 전자시스템에서 안정적으로 사용할 수 있도록 물리적인 기능과 형상을 갖게 해주는 것이 패키징 기술이다.

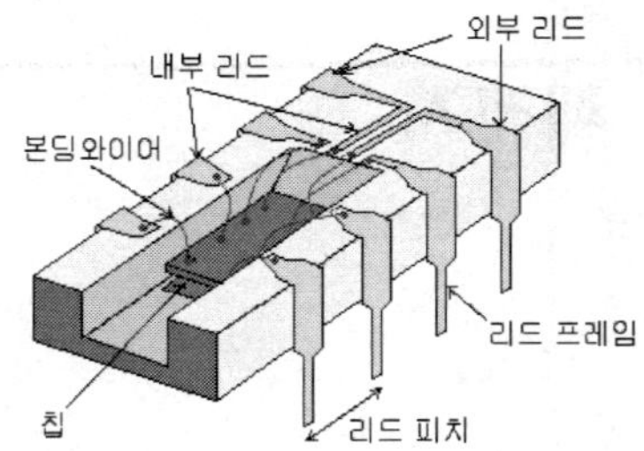

[그림 3-1] 반도체 패키지의 기본 요소

나. 반도체 패키지의 조건

<표 3-1>은 반도체 패키지의 주요기능을 요약한 것이다.

〈표 3-1〉 반도체 패키지의 주요기능

주요기능		관련 기술분야
전원공급	칩의 구동용 전력공급	저전력, 저잡음 전력 및 접지회로 구현, 패키지 재료 및 구조
신호전달	칩간의 입력 및 출력신호 전달	회로설계, 도체, 부도체 재료, 물성, 접속 및 배선 기술
열방출	칩에서 발생하는 열을 외부로 방출	열방출이 용이한 구조 설계와 재료 선택
보 호	화학적, 열적 환경변화로부터 칩 보호	기계적 설계기술, 신뢰성 기술

패키징 기술에 대한 요구조건은 칩의 고집적화, 고성능화, 고속화에 따라 다음과 같이 더욱 엄격해지고 있다.

① 입출력 핀의 다핀화
② 고밀도 실장에 적합한 패키지의 다양화
③ 열방산성의 향상
④ 자동실장에 적합한 형상과 그 정도의 향상
⑤ 내열성 향상
⑥ 칩의 미세화에 따른 소프트에러발생의 방지와 내부 응력감소
⑦ 저가격화

이상과 같은 반도체 패키징 기술에 대한 요구조건은 패키지의 성능과 패키지 크기, 생산성과 신뢰성 등이 여러 가지 패키지의 기능을 충분히 만족할 때 비로소 달성된다.

제2절 반도체 패키지용 소재

반도체 패키지용 소재의 변천과정은 각 세대별 반도체칩의 고집적화에 따른 반도체 패키지의 기능별 요구조건과 일치한다. 최근 전자시스템의 고성능화, 대용량화, 소형화가 급속히 이루어짐에 따라 반도체 패키징 기술 또한 PCB 면적을 효율적으로 활용하기 위해 경박, 단소화된 패키지가 끊임없이 개발되고 있다.

따라서 지금까지 반도체 패키지의 단순한 전기적 접합 및 외부환경으로부터의 보호기능에서 벗어나 디바이스의 효율을 높이는 하나의 전자적인 시스템으로 전환되어가고 있다. 이 절에서는 반도체 패키지용 소재 가운데 리드 프레임과 밀봉재료에 대해 살펴본다.

1. 리드 프레임

가. 리드 프레임의 조건

리드 프레임은 제1절의 [그림 3-1]과 같이 완성된 반도체 칩을 PCB나 소켓 등에 접속하기 위해 사용되는 하나의 구조물로서 접속, 방열, 외부 환경으로부터 보호하는 역할을 한다. 따라서 리드 프레임용 소재로서 요구되는 품질은 매우 까다로우며, 원 소재 자체의 품질뿐만 아니라 리드 프레임 품질과 반도체칩 조립 품질까지 충분히 만족해야 한다. 요구되는 주요 특성으로는 몇 가지(화학적 조성, 물리적 성질, 기계적 성질 및 외관 품질 등)가 있으나, 우선 전기전도도, 기계적 강도, 열전도도 및 열팽창계수 등의 물리적 특성이 우수해야 한다. 그 외에 리드 프레임 소재가 박막화되어감에 따라 조립공정시 열하중 등에 의한 변형이나 변색이 되지 않아야 하며, 다이 접착성, 선 접착력 및 땜납의 결합력이 뛰어나야 한다. 이러한 특성은 반도체소자의 집적도가 증대할수록 더욱 엄격하게 요구된다.

나. 리드 프레임의 제조방식

전형적인 금속계열 리드 프레임의 제조방식은 크게 두 가지로 구분할 수 있다. 하나는 피어싱(piercing) 금형을 사용하여 원하는 리드 형상으로 타발(SLF : Stamped Lead Frame) 가공하는 스탬핑(stamping) 방식이고, 다른 하나는 화학약품을 사용하여 금속을 식각(etched lead frame)하여 리드 프레임을 성형하는 식각방식이다.

스탬핑 방식은 현재 208핀까지 생산 가능하지만 주로 100핀 이하에서 많이 사용되며, 핀 수가 많은 경우에는 정밀도가 높은 식각방식이 사용된다.

다. 리드 프레임의 재료

리드 프레임 재료로는 Fe-42 Ni(alloy 42)과 동합금이 있다. alloy 42는 실리콘 칩과 열팽창계수 차이가 작고 인장강도가 50~90kg/mm^{3}로 강도 및 패키징 후의 기밀성에서 신뢰성이 높은 장점을 지니고 있기 때문에 주로 dram과 같은 기억소자에 사용된다. 그러나 alloy 42는 동합금보다 가격이 2배 이상 비싸며 전기전도와 방열특성이 취약하다는 결점을 가지고 있다.

동합금은 가격이 저렴하고 전기전도도와 방열특성이 우수하지만 열팽창계수가 크고 열산화 및 기계적 특성이 좋지 않아 고신뢰성이 요구되는 리드 프레임 소재로서는 사용이 제한되어 왔다. 그러나 최근 방열 및 전기적 특성을 더욱 향상시켜 인장강도가 50~80kg/mm^{3}인 새로운 동합금 제품이 개발되어 열발산 문제가 심각한 전력 디바이스, 로직칩, 고집적 메모리칩 등의 리드 프레임 소재로 널리 사용되고 있으며 그 수요는 날로 증대될 것이다. 특히, 철 합금은 동합금 가격의 20% 수준으로 저렴하여 LED용 리드 프레임 소재로 널리 사용된다.

2. 밀봉재료

가. 밀봉재료의 조건

반도체소자의 조립공정 중 패키지 상에 접착된 칩과 리드 프레임과의 연결과정

(다이 본딩 및 와이어 본딩)이 끝나면 외부의 충격과 진동, 수분, 먼지, 분위기 가스 등에 의한 침식이나 방사선의 영향으로부터 안전하게 보호하여야 한다. 이러한 목적을 충족시키기 위해 사용하는 것이 밀봉재료이다.

나. 밀봉재료의 종류

현재 밀봉재료로 사용되는 것은 수지계(resin) 재료와 세라믹, 금속 및 유리 등이지만 수지계가 대부분을 차지한다. 수지계 밀봉재료는 대량생산에 적합하며 생산효율과 성형 가공성이 좋으며, 가격이 저렴하다는 장점이 있다. 현재 사용되는 수지로는 에폭시 수지(epoxy resin), 실리콘(silicon) 수지, 페놀(phenol) 수지, PPS 수지 등이 있으며 반도체용으로는 대부분 에폭시 수지가 널리 사용되고 있다.

에폭시 수지에는 비스페놀(bisphenol) A를 기본으로 한 범용형과 오르토 크레졸(orthocresol), 노볼락(novolac)형을 중심으로 한 특수형이 있으며, 밀봉재료로서는 내열성, 내습성이 우수한 노볼락형으로 실리카(silica)와 충전재(filler material) 등과 컴파운드(EMC : Epoxy Molding Compound) 형태로 사용되고 있다.

최근에는 경량화된 TSOP(Thin Small Outline Package) 기술 추세에 따라 패키지에서 다이 크기가 차지하는 비율이 80% 정도되기 때문에 소량으로 사용하면서도 생산수율과 신뢰성을 높이기 위해 스트레스가 적으며 습기에 강한 몰딩 컴파운드 재료가 개발되고 있다.

제3절 LED 조립공정

1. 반도체 패키지

가. 반도체칩 조립공정

조립공정(assembly process)이란 제작된 웨이퍼 상의 각 칩의 성능을 테스트한

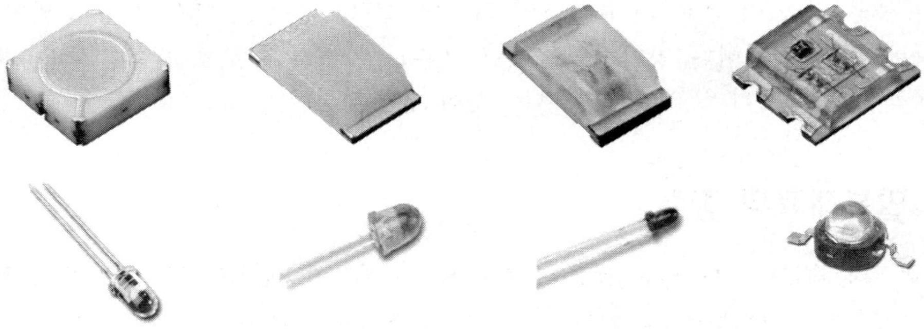

[그림 3-2] LED의 패키지

후 각종 전자 시스템에 쉽게 사용할 수 있도록 낱개의 칩으로 잘라내어 최종적으로 제품화하는 기술이다.

패키징 기술에서 살펴본 바와 같이 이 절에서는 연속적으로 이루어지는 반도체 칩의 조립공정을 단계별로 살펴본다. [그림 3-2]에서 LED의 여러 가지 패키지 형태를 보였다.

[그림 3-3]의 (a)는 전형적인 반도체칩의 조립공정도를 보여준다. 그림에서 보는바와 같이 단계별로 여러 공정을 거치게 되지만, 단위체적당 실장 효율을 높이기 위해 다양한 패키지들이 개발됨에 따라 갈수록 일부 공정이 생략되기도 하며 크게 단축되는 경향을 보이고 있다.

나. LED 칩 조립공정

LED 칩의 조립공정은 전형적인 반도체칩 조립공정과 같으나, 트리밍(trimming)과 테이핑(tapping) 공정을 추가하는 경우가 대부분이다.

LED 패키지는 일반적인 반도체소자와는 달리 빛을 외부로 효율 좋게 발산하여야 하므로 다음과 같은 주요기능을 갖추어야 한다.

① 환경적, 기계적, 전기적 보호장치
② 발광효율 향상
③ 지향각 조절
④ 열방출의 매개체의 역할을 한다.

웨이퍼 선별 (wafer sort)
↓
웨이퍼 분리 (wafer separation)
↓
다이접착 (die bonding)
↓
선접착 (wire bonding)
↓
봉입전 검사 (preseal inspection)
↓
패키지 봉입 (package seal)
↓
성형 (molding)
↓
전기적 특성시험 (final test)
↓
마킹 (marking)

(a) 반도체소자 조립공정

웨이퍼 선별 (wafer sort)
↓
웨이퍼 분리 (wafer separation)
↓
다이접착 (die bonding)
↓
선접착 (wire bonding)
↓
봉입전 검사 (preseal inspection)
↓
패키지 봉입 (package seal)
↓
성형 (molding)
↓
트리밍 (trimming)
↓
전기적 특성시험 (final test)
↓
테이핑 (tapping)

(b) LED 조립공정

[그림 3-3] 반도체 소자 조립공정

2. LED 패키지 조립공정

가. 웨이퍼 선별과 분리

전 공정이 끝난 웨이퍼는 웨이퍼 상태에서 각 칩의 기능이 양호한지 불량인지를 전기적 규격에 따라 선별하게 된다. 이 과정을 웨이퍼 선별(wafer sort), 웨이퍼 프로브(wafer probe) 혹은 다이 선별(die sort)이라고도 하며, 검사규격에 따른 테스트 프로그램에 의해 컴퓨터를 이용하여 수행되는데 1초에서 수 분 정도의 시간이 소요된다.

테스트 결과 결함이 있는 다이는 [그림 3-4]에서와 같이 잉크점(ink dot)으로 표시(일명 ink dice)하여 그 다음 웨이퍼 분리과정에서 쉽게 구별할 수 있도록 한다.

테스트 후 웨이퍼는 사각 모양의 낱개의 다이로 자르기 위해 다이 분리(die separation)과정을 거치게 된다. 즉, 다이아몬드 줄톱을 이용하여 줄을 긋거나 웨이퍼를 절단하여 다이로 분리하는데 sawing, scribing 또는 dicing이라고 한다.

각 칩을 분리한 후 잉크점이 찍힌 다이는 그 다음 조립과정에 포함되지 않도록 하기 위해 완전히 제거한다. 양품 다이(good die)만을 현미경을 이용하여 육안검사를 실시하여 칩 절단 및 분리시 오염되었거나 긁히거나(scratch) 가장자리가 깨어진(crack) 불량품을 제거한다.

나. 다이 접착

[그림 3-4]와 같이 다이를 리드 프레임, PCB 또는 회로 테이프 위에 붙이는 공정을 다이 접착(die bonding, 혹은 die attach)이라고 하며 이에 쓰이는 장비를 [그림 3-4]에 보인 것과 같이 다이 본더(die bonder)라고 한다. 갈수록 다이의 크기가 작아지는 추세이므로 접착 위치와 각도의 정밀성이 더욱 요구되는 실정이다.

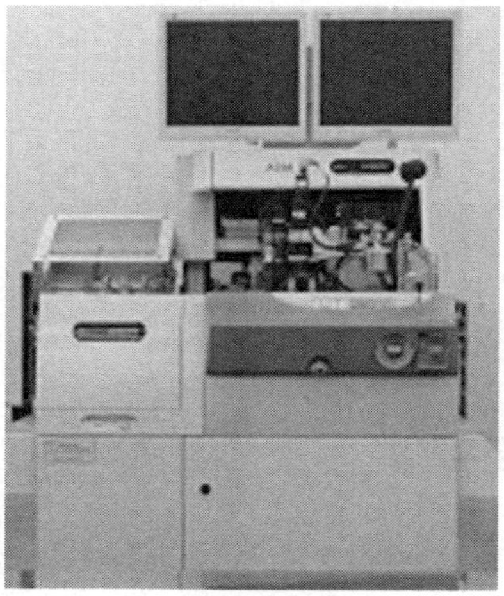

[그림 3-4] 다이 본더

다이를 리드 프레임에 접착시키기 위해 사용되는 물질은 경납(hard solder), 즉 두 물질간의 공정(eutectic, 共晶)을 이용하는 것과 에폭시(epoxy)나 폴리아미드(polyamide) 등의 중합체(polymer)를 사용하는 것으로 구별할 수 있다.

통상 다이 뒷면은 Au로 증착되어 있으며, 리드 프레임은 Ag로 도금되어 있거나 Cu, Ni 등으로 되어 있다. 두 개 이상의 금속이 합금상태가 될 때 이들의 공정온도(eutectic temperature)는 각 단일 금속의 융점보다 훨씬 낮다. Au의 융점은 1063℃이고, Ag의 융점은 961℃ 정도이지만 이들과 웨이퍼의 소재인 Si의 공정온도는 매우 낮아져서 500℃ 이하에서도 다이를 리드 프레임 위에 접착시킬 수 있다.

Au와 Cu의 공정온도는 884℃인데 여기에 Si까지 합금화되면 450℃정도로 공정온도가 낮아지게 된다. 이것이 바로 다이를 구리 도금된 동합금 리드 프레임 위에 접착할 때 실제로 일어나는 현상이다.

보통 Au-Si계(Au 96.4%, Si 3.6%)에서는 공정점(eutectic point) 온도인 370℃ 정도로 가열하면 합금접착이 형성되어 결국 다이가 리드 프레임에 단단히 접착된다. 때로는 Si칩 뒷면을 0.05mm 이하로 얇게 경납물질(Au 98% + Si 2%)을 증착하여 공정점에서 접착시키기도 한다.

<표 3-2>는 공정 다이 접착용 재료의 조성과 융점을 보인 것이다.

〈표 3-2〉 공정 다이 접착용 재료의 조성과 융점

조 성	온 도(℃)	
	액체화	고체화
80% Au, 20% Sn	280	280
92.5% Pb, 2.5% Ag, 5% In	300	-
97.5% Pb, 1.5% Ag, 1% Sn	309	309
95% Pb, 5% Sn	314	310
88% Au, 12% Ge	356	356
98% Au, 2% Si	800	370
100% Au	1063	1063

공정 다이 접착법은 주로 세라믹 패키지에 사용되며, 내습성이 강하고 불순물이 없는 반면 자동화가 어렵고 고온 가열을 필요로 하므로 기계적 응력이 크다는 결점이 있다.

에폭시나 폴리아미드를 사용한 접착에서는 이송장치를 중합제가 들어 있는 용기에 잠깐 담근 후 이송장치의 하단에 약간 부착시켜 리드 프레임으로 옮겨 접속

물질로 사용하기에 적합한 두께가 되도록 조절한다.

에폭시 수지는 비교적 낮은 가열온도(125~175℃)에서 굳어지지만, 폴리아미드는 보다 높은 온도에서 경화된다. 에폭시 수지는 가격이 저렴하고 자동화하기가 비교적 간편하며, 전기전도도와 열전도성이 우수하다. 또 낮은 온도에서 경화되므로 기계적 응력도 작기 때문에 플라스틱 패키지에 가장 많이 사용되는 접속물질이다.

같은 중합제인 폴리아미드는 경화시키는 온도가 높아 기계적 응력에 의해 칩에 균열을 일으키기 때문에 열팽창계수가 비슷한 alloy 42 리드 프레임이나 세라믹 기판이 사용된다.

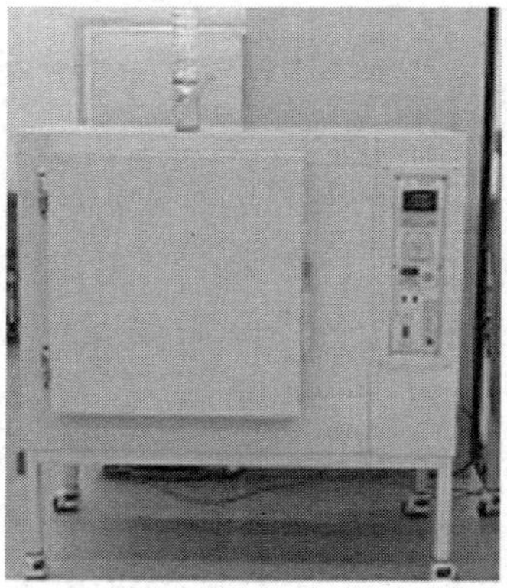

[그림 3-5] 경화용 오븐

다이 접착된 소재를 [그림 3-5]와 같은 오븐(오븐)에 넣고 재료에 따라 <표 3-2>에서와 같이 정해진 온도로 가열하여 경화(curing)한다.

다. 선 접착

[그림 3-6]은 와이어 본딩 머신의 외관이고, [그림 3-7]은 선접착이 끝난 LED 칩의 SEM 사진이다.

[그림 3-6] 와이어 본더

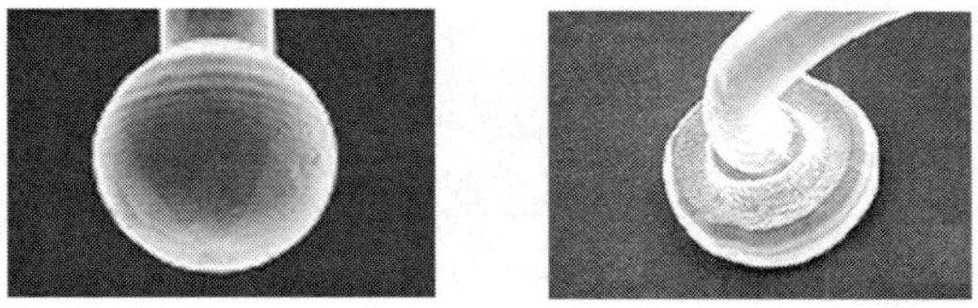

[그림 3-7] LED 칩의 SEM 사진

선 접착은 다이 접착이 끝난 후 그림과 같이 칩의 본딩 패드와 리드 프레임(혹은 PCB, 회로 테이프) 등 외부단자 사이를 세금선(extremely fine gold wires)을 이용하여 전기적으로 연결시키는 공정을 말하며, 여기에 쓰이는 장비를 선 접착기(wire bonder)라고 한다. 이와 같은 선 접착기술은 앞서 다른 TAB 및 플립 칩 기술에 비해 고전적인 방식이지만 비용이나 신뢰성면에서 가장 적합하기 때문에 아직도 LED나 반도체 소자, 집적회로 조립에 보편적으로 많이 사용하는 기술이다. 선 접착방식에는 열 압착법, 초음파 접착법, 열음파 접착법 등이 있다.

(1) 접착선의 구비조건

선 접착에 사용되는 본딩 와이어는 우선 전기적 신호를 완벽하게 전달해주어야 하므로 보통 99.999%의 고순도성이 요구되며, 선의 지름은 용도에 따라 차이가 있지만 1~1.3mil의 것이 주로 사용된다. 본딩 와이어는 순도가 높을수록 강도는 낮아지기 때문에 미량의 다른 원소를 첨가하여 만든다.

[그림 3-8]은 세금선이 실패(spool) 모양으로 감겨 있는 본딩 와이어를 보인 것이다. 본딩 와이어의 소재는 주로 금(Au)이 사용되며, 최근에는 알루미늄(Al)을

비롯하여 구리(Cu)와 팔라듐(Pd)도 사용된다. 금선은 Al보다 훨씬 비싸지만 Al전극에 대해서 접착강도, 접촉저항, 그리고 본딩 속도 등의 점에서 우수하여 양산성이 유리하므로 가장 널리 사용된다.

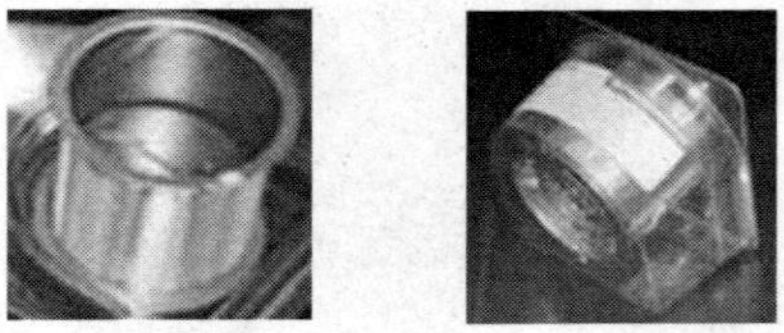

[그림 3-8] 본딩 와이어(Au)

한편, 칩의 크기가 계속 소형화되기 때문에 조밀한 패드 간격에 본딩할 수 있는 극세 패드 피치(fine pad pitch) 기술이 요구된다. 따라서 현재 양산 라인에서 선 접착이 가능한 최고 정도는 40~45㎛ 피치로 알려져 있지만 ITRS의 로드맵에 따르면 향후 20㎛ 피치 이하가 될 것으로 전망하고 있다. 뿐만 아니라 와이어 루프(wire loop)가 점차 길어지기 때문에 장력이 큰 와이어를 요구하게 될 것이다.

(2) 열 압착(Thermo compression bonding)법

[그림 3-9]는 열 압착 과정을 보인 것이다. 두 종류(또는 같은 종류)의 금속을 서로 선으로 접속하기 위하여 가장 일반적으로 사용되는 방법은 가열하면서 동시에 가압하는 thermo-compression 방식이다. 금선이 감겨진 실패를 선 접착기(wire bonder)에 장착하고, 금선을 가열된 유리 또는 텅스텐 카바이드(tungsten carbide)의 모세관(capillary tube)을 관통시킨 후 작은 수소불꽃(H_2 torch) 또는 전기 스파크로 금선의 끝을 녹여 [그림 3-9](a)와 같이 금볼(gold ball)을 만든다. 컴퓨터 제어로 볼의 위치를 본딩 패드 위에 맞추고 모세관을 낮추면 미리 조정된 모세관의 압력과 열에 의해 두 접촉 금속간(Au와 Al)의 상호 확산으로 [그림 3-9](b)와 같이 칩 상의 본딩 패드에 접착이 이루어진다.

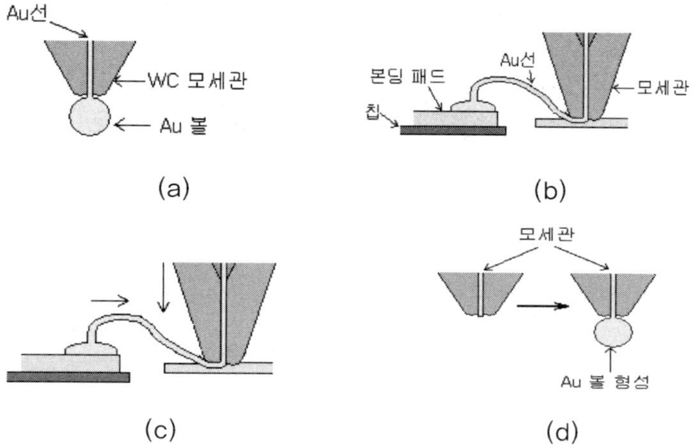

[그림 3-9] 열 압착법

그 다음 모세관을 올리고 [그림 3-9](b)와 같이 외부 리드 상으로 이동시킨 후 모세관을 [그림 3-9](c)와 같이 내리면 모세관의 열과 하중으로 외부 리드 위에 Au선이 최종적으로 견고하게 접착되고 동시에 금선은 본딩 끝에서 잘리고 모세관은 위로 이동하게 된다. 이와 같이 본딩 패드와 리드 프레임간의 접착이 이루어지게 되면 칩 내의 다른 패드들의 접착을 위해 [그림 3-9](d)와 같이 수소 불꽃으로 금선의 끝을 둥근 모양의 볼로 다시 형성하여 최초의 상태로 되돌린다.

열 압착을 하는 동안 기판의 온도는 150~200℃로 유지되며, 모세관의 무게는 모양과 금선에 따라 차이가 있으나 30~200g 범위 내에서 컴퓨터 제어된다. 접착 속도는 73ms(0.073sec, 초당 13.7번 본딩) 정도이다. 그리고 사용하는 Au선의 지름은 흐르는 전류에 의해서 결정된다.

[그림 3-10]은 금선의 지름과 용단 전류관계를 보여준다.

이상과 같이 본딩 패드에 의한 접착이 금선 끝의 볼에 압력을 가하여 이루어지므로 흔히 구 접착(ball bonding) 또는 못머리 접착(nail-head bonding)이라고도 하며, 그 형상을 [그림 3-9]에 보였다. 열 압착시 결합 경계면(Au-Al)에서의 온도가 280~350℃로 비교적 높기 때문에 초음파 접착법이나 열음파 접착법으로 대체되고 있다.

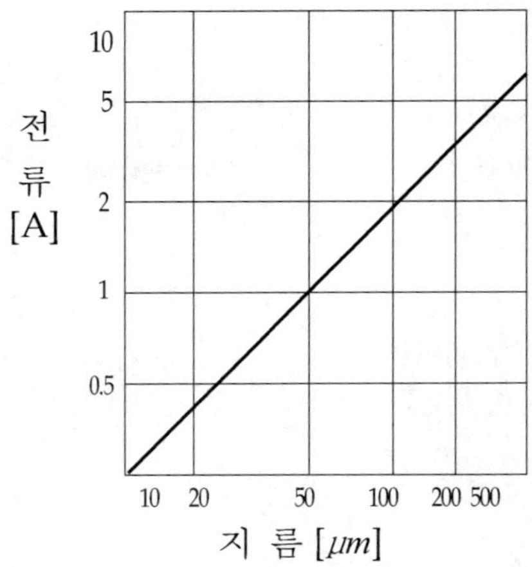

[그림 3-10] 금선의 지름과 용단 전류

(3) 초음파 접착(ultrasonic bonding)법

초음파 접착법은 열을 가하지 않고 압력과 초음파 에너지로 접착하는 방식이다. [그림 3-11]은 초음파 접착방법과 [그림 3-12]에서 1% Si-Al선의 지름 및 용단 전류 관계를 보여준다.

이 방법은 열압착법에서 사용된 모세관 대신 쐐기 모양의 웨지(wedge)를 바늘처럼 사용하여 본딩을 하므로 쐐기 접착(wedge bonding)이라고 하며 그 형상은 [그림 3-9](b)와 같다.

쐐기형 텅스텐 카바이드에 초음파 장치가 연결되어 있고, 이것에 의해 Al선을 칩의 본딩 패드에 옮긴 후 쐐기접속 기구를 누르면서 20~60kHz의 초음파 진동(ultrasonic vibration)을 가해줌으로써 상온에서 접착이 이루어지게 된다.

이 공정에서는 주로 Al선이 Au선보다 많이 사용되고 있다. 이것은 칩의 본딩 패드가 Al(최근에는 Cu로 바뀌고 있다)으로 되어 있어 금속이동(metal migration)이 발생하지 않을 뿐 아니라 퍼플 플레이그 현상을 피할 수 있기 때문이다.

초음파 접착의 이점은 가열에 의한 칩의 전기적 특성변화에 대한 염려가 없고 결합도(bondablility)가 매우 우수하며, 특히 접착 후 Ag선의 꼬리가 생기지 않는다는 점(tailles operation)과 생산성이 매우 높다는 점이다.

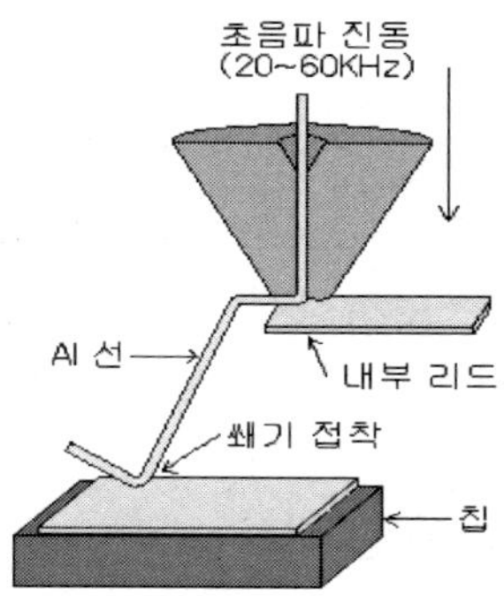

[그림 3-11] 초음파 접착법

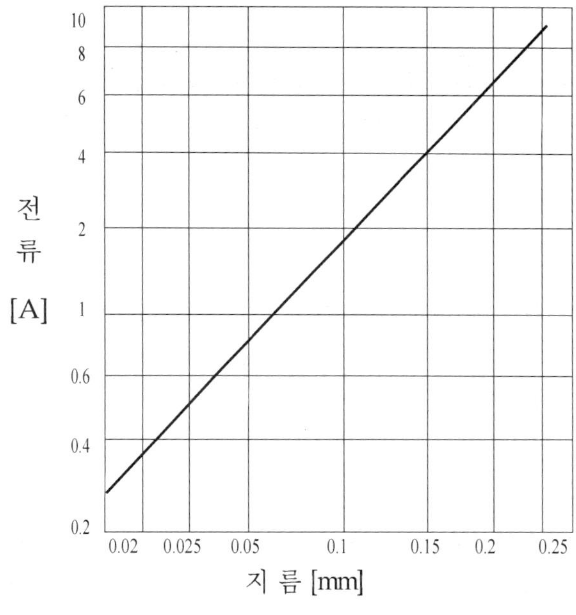

[그림 3-12] Si-Al선의 지름 및 용단전류

(4) 열음파 접착(thermo-sonic bonding)법

열 압착법과 근본적으로 동일하지만 음파 에너지(sonic energy)를 추가로 사용한다는 점이 다르다. 따라서 열 압착 방식보다 더 낮은 온도(약 150℃)에서 더 낮은 압력으로 더 빠른 속도로 접착(초당 5~10개)이 가능하며, 특히 자동화가 비교적 쉽다는 특징을 갖고 있다.

라. 몰 딩

몰딩(molding)이란 패키지(PKG) 성형 공정으로 선 접착(wire bonding)이 끝난 칩과 리드 프레임을 금형에 넣고 겔(gel)화시킨 EMC(Epoxy Molding compound, AT&T사 개발)를 금형 틀 내로 주입하여 몰드(molding M/C)에 넣고, 칩 전체를 습기와 오염으로부터 보호하고 일정한 외형을 갖는 형태로 만드는 공정을 말한다. 초기에 모든 디바이스들은 금속 헤더(header)로 패키징되었다.

즉, 칩이 헤더 표면에 접착되고 선 접착은 헤더의 기둥(post)에서 행해진 후 금속 뚜껑으로 용접되는 방식이다. 이와 같은 밀폐형 패키지(hermetic package)인 경우에는 봉입(sealing) 또는 용접(welding)이라고 하며, 전자는 주로 CERDIP (CERamic DIP)의 경우에 사용되는 용어이며, 후자는 주로 MCP(Metal Can Package)에 사용된다.

현재 주류를 이루는 플라스틱 패키지(plastic package)의 경우에는 흔히 몰딩이라고 하고, 이후 Cure 공정에서 경화성 수지를 경화시켜 패키지(PKG) 성형을 완성한다.

(1) 트랜스퍼 몰드

몰딩은 트랜스퍼 몰드(transfer mold) 방식과 캐스팅 몰드(casting mold) 방식으로 나누는데, 트랜스퍼 몰드 방식은 몰드 프레스(mold press)를 사용하여 충분한 압력과 열로 패키지를 형성시키는 방식이다.

(2) 캐스팅 몰드

캐스팅 몰드 방식은 일정한 모양의 용기, 즉 LED 공정에서는 몰드 컵(mold cup)이라 지칭하는 용기에 경화성 수지를 부어 패키지를 형성하는 방식이다.

우주 항공산업 등 고신뢰성이 요구되는 일부 분야의 반도체 디바이스에는 세라믹을 밀봉재로 사용하며, 그 외의 모든 반도체의 밀봉에는 가격이 저렴하고 생산성이 우수한 EMC가 주로 사용되고 있다.

[그림 3-13]은 LED 몰딩머신의 사진이다. LED의 몰딩 공정은 선 접착이 끝난 칩과 리드 프레임을 몰드 컵이라고 하는 플라스틱 금형에 넣고 겔화시킨 에폭시 수지를 주입하여 몰드(molding M/C)에 넣고, 일정한 외형을 갖는 형태로 만드는 공정이다.

[그림 3-14]는 몰딩 후 cure 공정에서 경화성 수지를 경화시켜 패키지 성형을 완성하는 Q오븐(oven)이다.

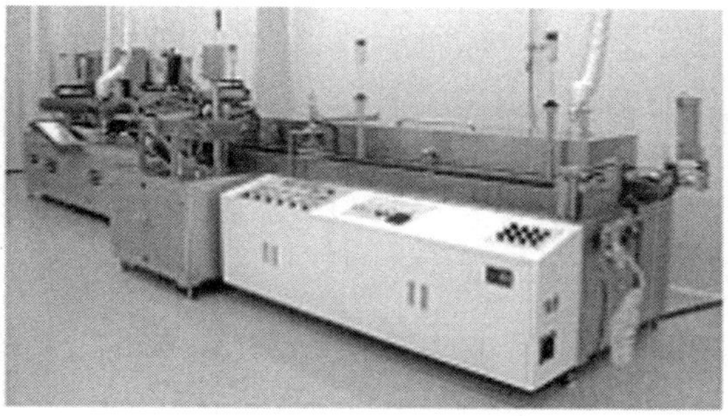

[그림 3-13] 몰딩머신

[그림 3-14] Cure용 오븐

마. 트리밍과 퍼밍

트리밍(trimming or sawing)과 퍼밍(forming)은 몰딩이 끝난 후 리드 프레임을 적당한 길이로 잘라내고, 납땜이 쉽도록 전기화학도금을 한 뒤 원하는 모양으로 리드 프레임을 가공하는 공정을 말한다.

(1) 트리밍

리드 프레임의 각 외부 리드는 몰딩되어 완성된 외형을 갖기 전까지는 [그림 3-15](a)와 같이 lamp형의 경우 리드와 리드 사이의 끝 부분을 가로축으로 연결하고 있는 소위 타이바(tie bar)로 지지되고 있다. 그런데 이 타이바는 각각의 리드를 전기회로상으로 단락시키는 결과가 되므로 몰딩 후에는 리드 프레임의 타이바를 제거시켜야 하는데, 이 공정을 트리밍이라고 한다. [그림 3-15](b)는 트리밍된 후의 패키지를 보인 것이다.

(a) 타이바가 연결된 패키지 (b) 트리밍된 패키지

[그림 3-15] 트리밍 공정

[그림 3-16](a)는 1차 트림용 장비이고, (b)는 2차 트림용 장비이다. 1차 트림은 제품을 테스트하기 위하여 필요한 부분을 절단(cutting)하여 트리밍(trimming)하는 작업이며, 2차 트림은 외관검사가 완료된 제품을 트리밍하는 작업이다.

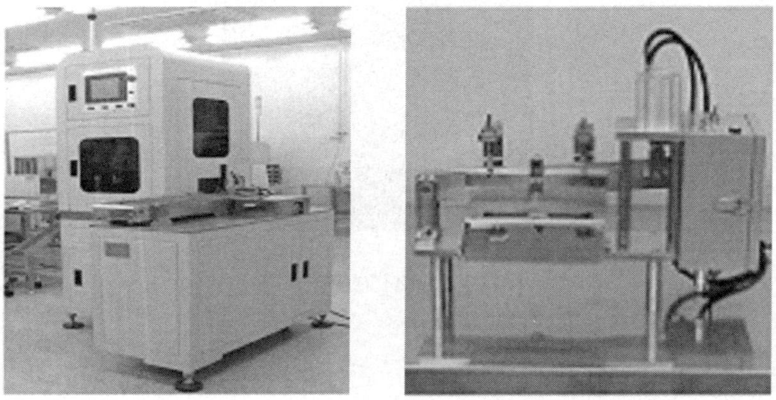

(a) 1차 트리밍 머신 (b) 2차 트리밍 머신

[그림 3-16] 트리밍 머신

(2) 퍼 밍

퍼밍이란 최종적으로 리드 프레임의 리드 형태를 JEDEC 규격에 따라 굽혀주는 공정이다. 이 공정을 거쳐야 비로소 패키지가 하나의 부품으로서 실장할 수 있는 형태가 된다. 예를 들면 굽히는 형상에 따라 [그림 3-17]과 같이 패키지 바깥쪽으로 휘어진 갈매기 날개모양(gull-wing shape)의 L자상과 패키지 안쪽으로 구부리는 J자상 등이 있다.

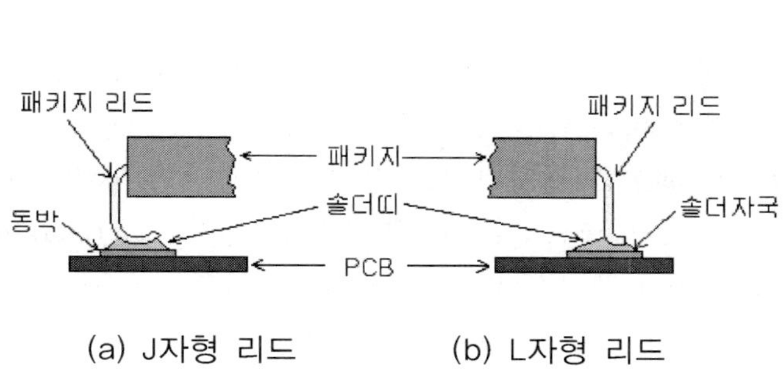

[그림 3-17] 퍼밍 공정

바. 최종 특성시험과 마킹

최종시험은 몰딩된 칩의 전기적 시험(electrical tests), 환경적 시험(environmental tests) 및 기계적 시험(mechanical tests) 등을 컴퓨터를 이용하여 검사하는 공정이다. 이 공정에 사용하는 장비를 테스터 & 핸들러(tester & handler)라고 한다. [그림 3-18]에서 LED용 테스터 & 핸들러의 외관을 보였다.

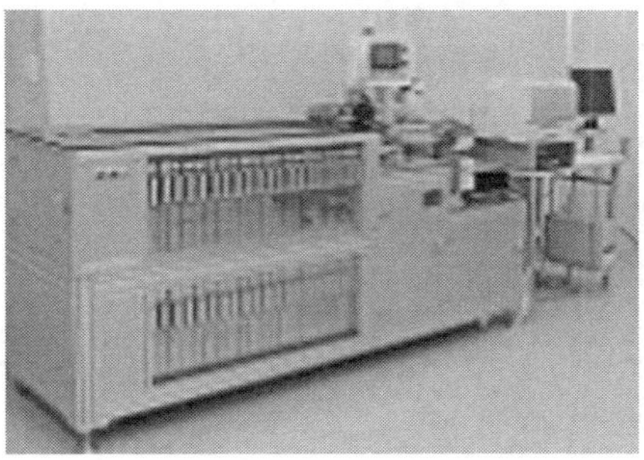

[그림 3-18] LED용 테스터 & 핸들러

컴퓨터를 이용하여 제품의 특성을 시험하기 위해서는 제품을 일정한 규칙(전극 위치, 극성, 리드의 기능 또는 명칭)에 따라 선별(sort)하고 배열하여야 하며, 선별된 제품은 극성시험, 동작시험, 양품 및 불량품 선별 등의 과정을 통하여 최종 시험을 한다.

테스터 및 핸들러는 LED의 전기적, 광학적 특성을 측정(test & check)하여 분류하는 공정으로 부적합 선별, 광도별 제품 선별 및 분류 작업을 한다.

테스트 항목은 제품의 개별 테스트와 샘플링 테스트(sampling test)를 하는데, 개별 테스트는 순방향 전압(forward voltage), 광도, 역방향 전압(reverse voltage)

등이고, 샘플링 테스트는 피크 파장(peak wavelevngth), half width, half angle 등이다. 또한, 광도크기에 따라 rank 선별하고, 불량품을 선별한다.

시험결과 합격된 제품은 패키지 표면상에 제조회사명, 상표, 제품명, 제조시기 등의 정보를 문자, 숫자 또는 기호로 표시한다. 흔히 마킹(marking)이라고 하며, 잉크 마킹(ink matking) 레이저 마킹(laser marking)으로 구분된다.

또한, 제품을 포장하거나 제품을 일정한 규칙(전극위치, 극성, 리드의 기능 또는 명칭)에 따라 선별여 테이핑하는 공정을 추가하기도 한다.

[그림 3-19]는 LED용 테이핑 머신이다.

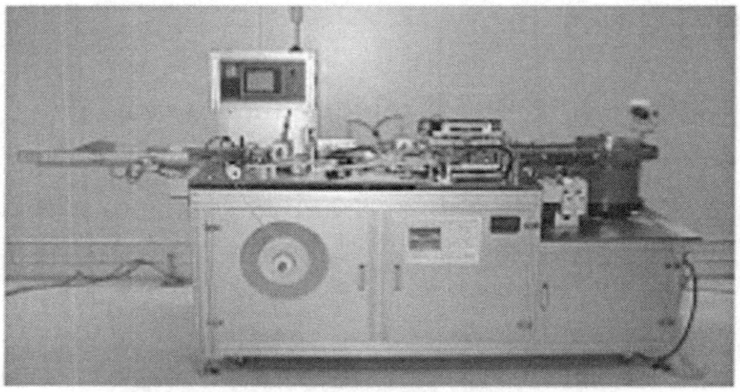

[그림 3-19] LED용 테이핑 머신

테이핑은 LED Ass'y시 auto mounting을 위하여 제품을 일정한 간격으로 배열하여 테이프에 고정하는 공정으로 LED type에 따라 몇 개의 규격으로 나눈다.

(1) Vertical Lead Type

straight type의 경우 H에 따라 3개의 규격으로 분류된다.
forming type은 9개의 규격으로 분류된다.

(2) SMD(Chip) LED Type

carrier tape hole 방향이 모든 제품에 대하여 anode로 통일한다.

제 4 장

다이 본더

제1절 관계 지식

제2절 장비사용법

제3절 실습순서

<table>
<tr><td>실습 과제명</td><td colspan="4">다이 본더(Die Bonder M/C)</td></tr>
<tr><td>목 표</td><td colspan="4">① 다이 본더의 각종 Key 사용법을 익힌다.
② 다이 본더의 사용법을 익힌다.
③ 다이 본더 장비 사용법을 익혀 실제 LED를 제조해 본다.</td></tr>
<tr><td>장비 및 공구</td><td>소요재료</td><td>규격</td><td>수량</td><td>안전 및 유의사항</td></tr>
<tr><td>AD8930V
초고속 에폭시
다이 본더</td><td>리드프레임
에폭시
다이</td><td>LAMP
AG
LAMP</td><td>소요량
소요량
소요량</td><td>① 계측기 사용시, 무리한 힘을 가하여 계측기가 파손되지 않도록 한다.
② 사용 방법을 정확히 이해하고 사용하도록 한다.
③ 고온고압에 주의한다.</td></tr>
</table>

제1절 관계 지식

1. 개 요

이 장비는 완제품 상태의 LED 다이를 본딩하는 장비로 [그림 4-1]은 AD8930V 자동 다이 본더이다. 양품을 생산하기 위한 효율적인 사용법과 시스템 사용법과 셋업과정에 도움이 될 것이다.

2. 주요 제원

가. 시스템 구성

AD8930V는 매거진에서 분리하고 단위별로 에폭시로 다이를 접착하여 수직 프레임 스택을 로드하기 위한 자동 다이 본딩 시스템이다. 접착공정은 고정밀 다이 접착이다. 양산과 효율성은 유저에게 사용하기 편한 소프트웨어 제어 덕분이다. 이 시스템은 스택로더 리드 프레임, 스탬핑모듈(디스펜서), 웨이퍼테이블, 워크홀더, 본드 헤드모듈, 매거진을 위한 출력 엘리베이터, 입력 엘리베이터로 구성되어 있다.

나. 시스템 요소

① 90° 회전 본드암을 가진 단일 본드 헤드
② 다이검출과 픽업능력
③ X-Y왕복 본드 헤드
④ 더블 리드 프레임 검출
⑤ 자동 정렬할 수 있는 웨이퍼 테이블
⑥ 입출력 다급형 엘리베이터
⑦ 512×512 픽셀 분해능을 가진 256레벨의 패턴 인식 시스템
⑧ LED 광 조절기능

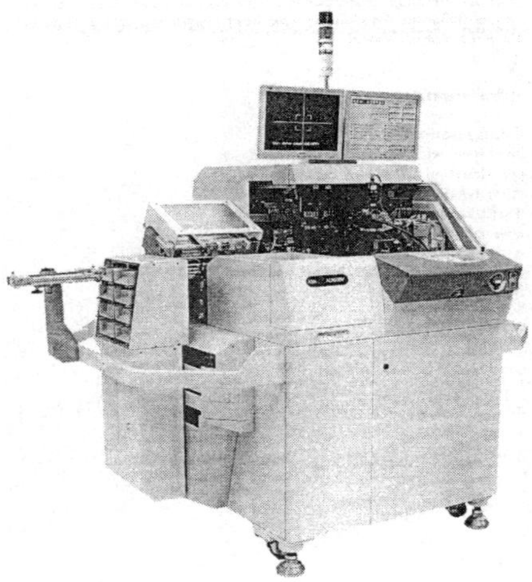

[그림 4-1] AD8930V 전면

다. 기계사양

각 모듈의 공정사양과 설계사양이다.

① 시스템 정확성
X-Y 다이배치 : ± 1.5 mils@sigma
다이각도 조정 : ± 5°@sigma (다이 크기와 LF에 따름)

② 요구시설 규격

전압 : 110/200/220/240VAC

주파수 : 50/60Hz

공압 : 최소 6bar(87PSI)

소비전력 : 2200W

③ 기계사항

중량	1,870lb (850kg)
L×W×H	50.4″×53.3″×81″ (최대스택)
	(1280×1352×2057mm^3)
	72.3″×53.3″×81″ (최대크기)
	(1911×1352×2057mm^3)

④ 본드 헤드

다이 크기		
파워픽 1본드 파워		25~300g 수동조절
본드 시간		프로그램 가능
본드 헤드	Y축	프로그램 가능, ±33mm
	X축	±10mm
	Z축	0~6mm
	X 분해가능	0.000625mm
	Y 분해가능	0.0005mm

⑤ 웨이퍼 테이블

웨이퍼 크기	최대 8.28″O.D 6″ 웨이퍼
자동각도 정렬	범위 : ±10°

⑥ 이젝터

이젝터 높이	2mm
이젝터 속도	프로그램가능
이젝터	단일핀

⑦ 워크홀더

트랙 높이	0.98″~2.83″(25~72mm)
LF 핸들링 사양	
A)길이	4.33″~10.24″(110mm~260mm)
B)높이	0.98″~2.83″(25~72mm)
C)두께	19.7~27.5mil(0.5~0.7mm)

⑧ 스택로더

리드 프레임 스택　　LF 높이에 따라 100피스

⑨ 입출력 엘리베이터

매거진 사이즈	1) 길이	4.33″~10.24″(110~260mm)
	2) 넓이	0.62″~.36″(15.7~60mm)
	3) 높이	2.7″~6.29″(68~160mm)

⑩ 패턴 인식 시스템

algorithm	grey level (256 level)(EAGLE) normalize correlation
PR accuracy	±0.25 pixel(in 512×512 resolution)
camera resolution	512×512 pixel^2
angle accuracy	±0.1°
angle tolerance	±6°

- 줌 렌즈를 가진 CCTV 시스템 기능
- 웨이퍼, 본드, 에폭시 사이즈를 선택할 수 있는 모니터 디스플레이 기능
- 그래픽, 컬러 모니터 디스플레이
- 양품 다이, 클립, 테스트라이 등 자동 패턴 인식
- 구조 : 그레이 레벨 (256레벨)(EAGLE)
  정확성 : ±0.25 픽셀 (512×512 분해능)
  카메라 분해능 : 512×512 픽셀
  각도 정확성 : ±0.1°
  각도 허용도 : ±6°

3. 장비 설치 방법

가. 기계사양

AD 8930V 다이 본더는 다음 그룹으로 나누어진다.

① 본드 헤드부 : 본드 헤드부는 90°로 움직이는 로테이션 본 스핀과 본드팔, XY축의 본드 헤드, 다이 검출을 위한 센서와 웨이퍼에서 다이를 잡기 위한 진공콜렛으로 구성되어 있다.

② 이젝터부 : 이젝터부는 시트로부터 다이를 분리하기 위한 진공 이젝터와 이젝터핀으로 구성되어 있다.
③ 웨이퍼 스테이지부 : 웨이퍼 스테이지는 링 어댑터를 갖춘 웨이퍼 홀더 혹은 웨이퍼 확장기로 구성되며 모두 자동 각도정렬이 가능하다.
④ 디스펜서부 : 스탬핑부는 스탬핑 팔과, 스탬핑 핀, 에폭시 디스크 모듈로 스탬핑부로 되어 있다. 캘리브레이터 스위퍼는 에폭시 두께로 조절된다.
⑤ 스택로더부 : 스택로더는 LF 버퍼 스테이지로 구성되어 있는 LF는 버퍼스테이지에서 워크홀더가 분리된다.
⑥ 입력 엘리베이터부 : 입력 엘리베이터는 매거진을 전송하기 위한 4 매거진 자동벨트의 버퍼로 구성되어 있고, 트랙에 리드 프레임을 넣을 수 있는 공압 입력 이젝터로 구성되어 있다.
⑦ 출력 엘리베이터부 : 출력 엘리베이터부는 빈 매거진을 전송하기 위한 자동 컨베이어로 구성되어 있다.
⑧ 워크홀더부 : 워크홀더부는 2개의 공압 피드와 입력 피더, 입력 인덱서, 출력 인덱서, 디스펜서 LF 푸셔, 본드 LF 푸셔, 윈도우 클램프와 출력키로 구성되어 있다.
⑨ 광학시스템 : AD8930V는 디스펜싱, 보딩, 웨이퍼위치 등 광학시스템으로 구성되어 있으며, 각각은 프로그램이 가능한 LED 배열 광학시스템으로 구성되어 있다.

나. 시스템 구성도

제어판(키보드와 함수키) 기능에 대한 설명이다.
AD8930다이 본더 키보드는 모든 기능과 기계를 동작시킬 수 있다.
각 키의 일반적인 기능을 다음에 나타낸다.

① [0] ~ [9] 숫자키
- 파라미터 입력과 위치 정렬
- Key [1]은 가능한 한 옵션에서는 [YES]로 나타낸다.

② [－](마이너스키)
- 픽 포지션 등에서 마이너스 데이터 값을 나타낸다.

③ [Del] 키
- 원하지 않는 값이나 입력을 지울 때 사용한다.

④ [ESC] 키
- 오퍼레이션이나 기계동작의 스킵 기능
- 파라미터 정렬 메뉴나 서브 메뉴에서 나갈 때 사용하는 기능

⑤ [Enter] 키
- 함수 기능이나 입력 값을 넣을 때 쓰는 기능
- 동작중인 기계에서 본딩 공정을 멈추기 위해서 기계는 마지막 다이를 픽업 한 후 본딩한다.

⑥ [A] ~ [Z] 키
- [Shift] 키와 함께 눌러야 한다. 이 기능은 알파벳에 따라 다른 기능을 가지고 있다. 예를 들어 본딩에서 [S]키는 각각의 스텝 기능을 실행한다.

⑦ UP↑, Down↓, left←, right→ 키
- 메인 메뉴에서 ←/→ 키는 스위칭 기능이다.
- ↑,↓ 커서는 원하는 서브 메뉴로 갈 수 있다.
- 각종 파라미터의 증가, 감소 기능이 있다.

⑧ 함수 기능 키

셋업/동작을 위한 키 기능이다.
- [F1] 다이 찾기
- [F2] 에폭시 도포
- [F3] 조이스틱 속도 - 저속, 중속, 고속
- [F4] 검사 카메라 - 웨이퍼, 본드, 에폭시
- [F5] 스택로더 - 홈/리셋 스택로더, 워크홀더를 위한 LF 픽업
- [F6] 온도제어
- [F7] 콜릿제어 - [B] 콜릿제어, [Q] 제어 안함
- [F8] 트랙 선택 - 트랙 클리어, 에폭시/본드 위치 조절
입력, 출력 리셋
입력 인덱스와 출력 인덱스핀의 윈도우 클램프 오픈/클로스
- [F9] 출력 엘리베이터 - 인덱스 선택, 매거진 교체, 홈/리셋 엘리베이터
- [F10] 입력 엘리베이터 - 인덱스 선택, 매거진 교체, 홈/리셋 엘리베이터

⑨ 본딩과 인덱싱 중의 키 기능
- [F8] 시스템 카운터를 보여주는 기능
- [F3] 시스템 카운트 리셋 기능

제2절 장비사용법

1. 장비 셋업 방법

가. 개 요

셋업 데이터는 한번 셋업하며 'COLD Start'나 일반적인 조정으로는 지워지지 않는다.

시 작

↓

재료 코드
1. 스택로더에 리드 프레임을 놓는다.
2. 엘리베이터에 매거진을 놓는다.
3. 툴-이젝터-콜릿으로 픽업한다.
4. 에폭시, 스탬핑핀
5. 링홀더/익스펜데에 웨이퍼를 놓는다.

↓

디스펜서, 본드 엔빌 블록, 윈도우 클램프, 이젝터 핀/캡 등을 체크한다.

↓

워크롤러 변환

1. 새 패키지를 위해서 새 패키지 파일이름 저장
2. 서브파라미터 값 입력
3. 스택로더 셋업
4. 스택 높이 조절
5. 인덱서와 윈도우 클램프 셋업
6. 입출력 엘리베이터 셋업
7. 리드 프레임 정렬
8. 에폭시 셋업
9. 에폭시 광학정렬(옵션)
10. 에폭시 프로파일 셋업
11. 본드 헤드 셋업
12. 워크홀더부의 광학정렬(옵션)
13. 웨이퍼부의 콜릿/이젝터의 광학정렬
14. 본드/픽업 조절
15. 본드 프로파일 셋업
16. PRS 셋업

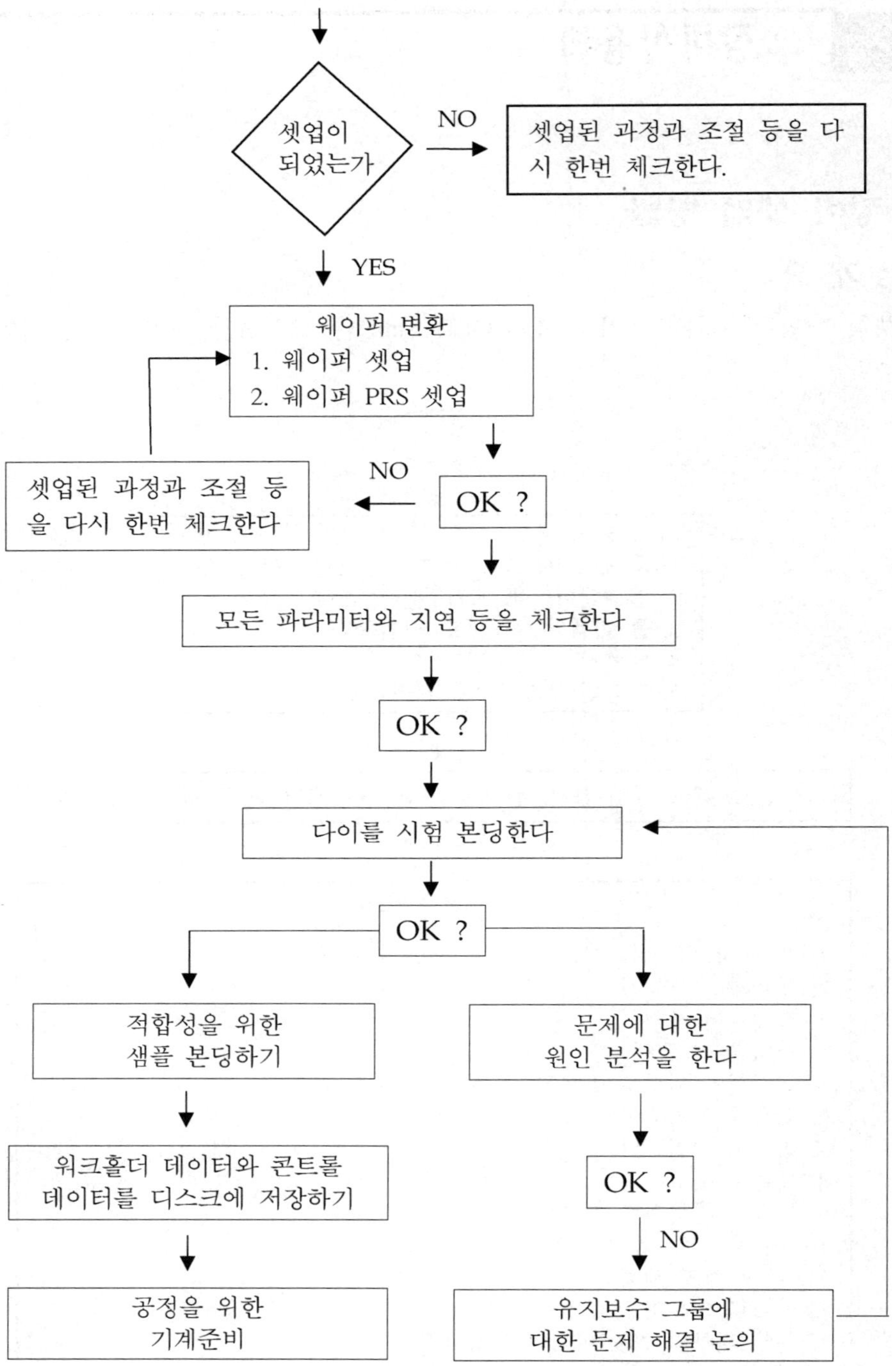
셋업이
되었는가
NO
셋업된 과정과 조절 등을 다
시 한번 체크한다.
YES
웨이퍼 변환
1. 웨이퍼 셋업
2. 웨이퍼 PRS 셋업
NO
셋업된 과정과 조절 등
을 다시 한번 체크한다
OK ?
모든 파라미터와 지연 등을 체크한다
OK ?
다이를 시험 본딩한다
OK ?
적합성을 위한
샘플 본딩하기
문제에 대한
원인 분석을 한다
워크홀더 데이터와 콘트롤
데이터를 디스크에 저장하기
OK ?
NO
공정을 위한
기계준비
유지보수 그룹에
대한 문제 해결 논의

나. 매거진과 리드 프레임 파라미터 입력

(1) 데이터 패키지 파일 로딩

가) [2]SetUp → [2] 디바이스 셋업과 [2]패키지 데이터파일 선택한다.
나) Use ←/→ 키를 LOAD를 선택한다. [Enter]를 누른다.

```
2    SetUP
0    스탬핑 셋업
1    본딩 셋업
2    디바이스 셋업
3    비전과 광학
4    웨이퍼 셋업
5    출력 엘리베이터
6    입력 엘리베이터
7    스택로더
8    리셋 시스템
9    알람 부저
```

```
22   디바이스 셋업
0    매거진 셋업
1    LF셋업
2    LF위치 정렬
3    디스플레이/본드 옵셋(단위 Col)
4    패키지 데이터파일 로드
5    측정단위
6    본드를 위한 종합 매거진
7    오븐 큐어 타임
8    LF 디텍션
9    입력 디바이스 선택
A    X오프셋
B    기타
```

```
선택 디바이스
누름 :
1-드라이브 A    다른 키-드라이브 C
```

다) 드라이브 A를 선택하기 위해 [1]을 누르거나 다른 키를 눌러 드라이브 C를 선택한다. 리스트에서 ←/→, ↑/↓ 키를 눌러 올바른 파일을 선택한다. 그리고 [Enter]키를 누른다.

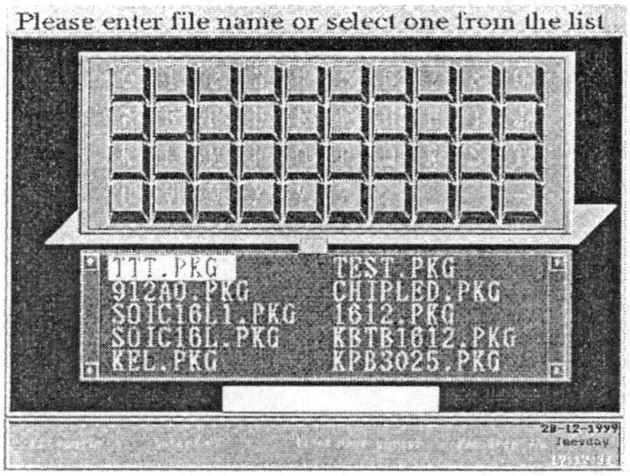

[그림 4-2] 새 파일이름 등록하기

(2) 패키지/ 디바이스의 새로운 파일 생성하기

가) [2]SetUp → [2]디바이스 셋업과 [4]패키지 데이터파일을 선택한다.

나) ←/→키를 사용하여 'SAVE AS' 선택하여 [Enter]키를 누르고 파일위치를 선택한다.

2	SetUP
0	스탬핑 셋업
1	본딩 셋업
2	디바이스 셋업
3	비전과 광학
4	웨이퍼 셋업
5	출력 엘리베이터
6	입력 엘리베이터
7	스택로더
8	리셋 시스템
9	알람 부저

22	디바이스 셋업
0	매거진 셋업
1	LF셋업
2	LF위치 정렬
3	디스플레이/본드 옵셋(단위 Col)
4	패키지 데이터파일 로드
5	측정단위
6	본드를 위한 종합 매거진
7	오븐 큐어 타임
8	LF 디텍션
9	입력 디바이스 선택
A	X오프셋
B	기타

선택 디바이스
누름 :
1-드라이브 A 다른 키-드라이브 C

다) 가상 키보드와 파일이름 리스트 사이에 토글하기 위해서 [F2]키를 누른다. 새 파일이름을 입력하기 위해서 ←/→과 ↑/↓키로 선택하고 [F1]키를 누른다. 파일이름을 입력 후 [Enter]키를 누른다

이 새 파일은 새 파라미터를 입력하기 위해서 사용된다.

(3) 매거진 셋업과 LF 파라미터 셋업하기

가) [2]SetUP → [2] 디바이스 셋업과 [0] 매거진 셋업을 선택한다.

2	SetUP
0	스탬핑 셋업
1	본딩 셋업
2	디바이스 셋업
3	비전과 광학
4	웨이퍼 셋업
5	출력 엘리베이터
6	입력 엘리베이터
7	스택로더
8	리셋 시스템
9	알람 부저

22	디바이스 셋업
0	매거진 셋업
1	LF셋업
2	LF위치 정렬
3	디스플레이/본드 옵셋(단위 Col)
4	패키지 데이터파일 로드
5	측정단위
6	본드를 위한 종합 매거진
7	오븐 큐어 타임
8	LF 디텍션
9	입력 디바이스 선택
A	X오프셋
B	기타

22	디바이스 셋업
0	매거진 셋업
1	LF셋업
2	LF위치 정렬
3	디스플레이/본드 옵셋(단위 Col)
4	패키지 데이터파일 로드
5	측정단위
6	본드를 위한 종합 매거진
7	오븐 큐어 타임
8	LF 디텍션
9	입력 디바이스 선택
A	X오프셋
B	기타

나) 다이어그램에 따라 측정하고 [F1]키를 누르고 나온다.

다) [2] 디바이스 셋업하고 [1]LF셋업 키를 누른다.

라) 테이블에 따라 입력하고 다이어그램에 따라 LF 파라미터를 측정한다. [F1] 키를 눌러 저장하고 나온다.

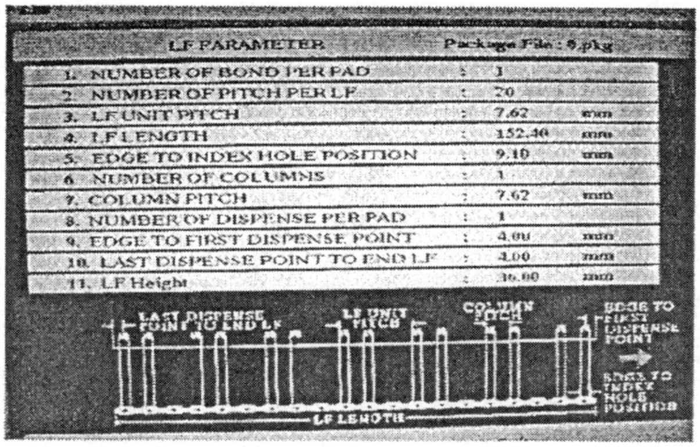

[그림 4-3] 리드 프레임 파라미터 입력화면

(4) 재료 폴더 셋업하기

가) 스택로더 조정

① 로더 위에 LF를 놓는다. LF 길이는 맞추기 위해 LF 폭 가이드를 조절한다.

② LF 폭 가이드와 그리퍼 사이에 반드시 1페이지 갭을 두어야 한다.

③ [2]셋업 → [27]스택로더와 [280]기타를 선택한다.

2 셋업
0 스탬프 공정
1 본딩 셋업
2 디바이스 셋업
3 비전과 광학
4 웨이퍼 셋업
5 출력 엘리베이터
6 입력 엘리베이터
7 스택로더
8 시스템 리셋
9 알람 부저

280 기타
0 스택 Ldr 대기 25700 스텝
1 스택 Ldr 대기 24900 스텝
2 LF 한번 올리기
3 스택 Ldr 왼쪽 포스열기 2400 스텝
4 스택 Ldr 오른쪽 포스열기 3000 스텝

④ 대기 중인 오른쪽 스택 Ldr을 LF 폭 가이드의 중간에 오른쪽 그리퍼를 위치

시킨다.

⑤ 왼쪽 스택 Ldr은 대기시킨다.

⑥ 오른쪽 스택 Ldr 오픈 포스에 대해서 오른쪽 그리퍼 위치는 LF 폭 가이드의 오른쪽에 세트시킨다.

⑦ 왼쪽 스택 Ldr 오픈 포스에 대해서 오른쪽 그리퍼 위치는 LF 폭 가이드의 왼쪽에 세트시킨다.

⑧ 스택로더 위에 LF를 로드한다.

⑨ [2]싱글 스텝으로 [Esc]키를 사용하여 단일 스텝 모션으로 LF를 픽업한다.

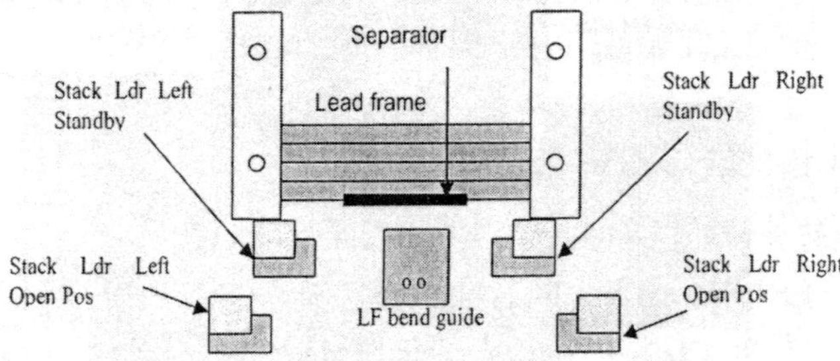

[그림 4-4] 리드 프레임 엘리베이터 구성도

⑩ [그림 4-5]에서 그리퍼를 밀어 넣는 동안 LF가 5mm정도 구부러지기 때문에 LF 밴드 가이드 위치를 조절한다. 그리퍼는 LF 끝단에 닿도록 한다.

⑪ 분리기 위치는 분리된 LF의 중간에 위치하도록 조절한다.

인/아웃, 업/다운 스피드는 후진 값에 의하여 조절된다.

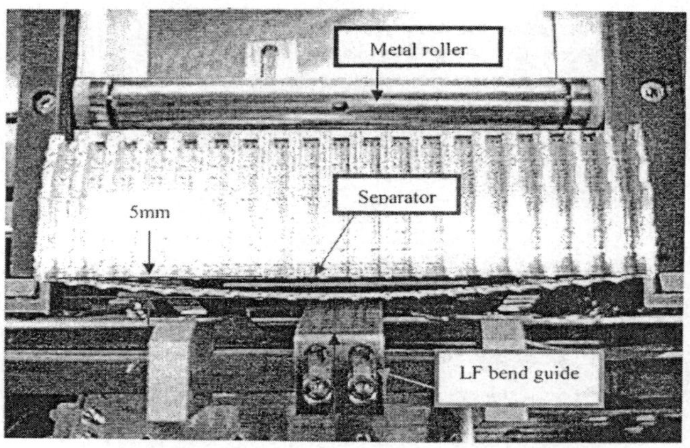

[그림 4-5] 리드 프레임 가이드

- 이 홀에 M1 알람키를 넣는다.
- 분리기의 인/아웃 위치를 조절한다.
- 분리기의 업/다운 값을 조절한다.
- 분리기의 인/아웃 값을 조절한다.

⑫ [3] SERV → [3] 스택로더로 하고 일반적인 스택로더 동작을 위해 안쪽 LF를 픽업한다. LF는 반드시 정확하게 트랙 안쪽에 놓여져야 한다.
또한 [F5]키를 짧게 누른다. [F5]키는 워크홀더에서 LF를 픽업하는 동작이다.

```
3 SERV
0 모듈 셋업
1 동작중 테스트
2 모터 파워
3 스택로더
4 워크홀더
5 디스펜서
6 본드 헤드
7 광학
8 웨이퍼 테이블
9 출력 엘리베이터
```

```
33 스택로더
0 홈 스택로더
1 스택로더 리셋
2 안쪽 LF 픽업
3 센서 디스플레이
4 인/아웃 분리기
5 업/다운 분리기
```

(5) 트랙 조절기

가) 트랙 높이 조절기

① 트랙에 리드 프레임을 놓는다. 그리고 리드 프레임의 레벨을 체크한다. 컵은 반드시 트랙 위에 맞춘다.

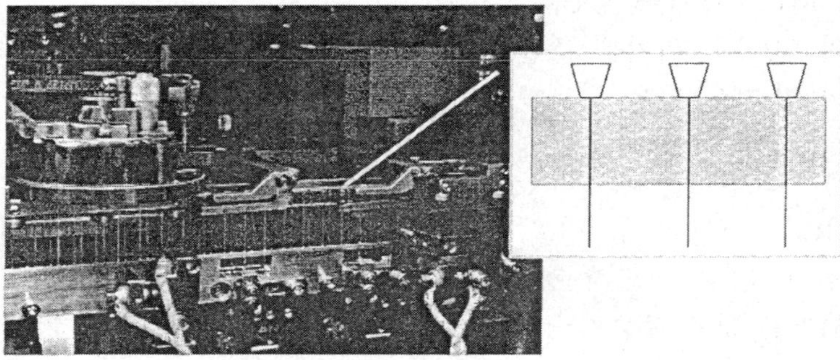

[그림 4-6] 트랙위의 리드 프레임

② 트랙의 높이를 맞추기 위해서 [2] 셋업 → [1] 본딩 셋업으로 하고 [6] 트랙 높이 조절을 선택한다.

2 셋업
0 스탬프 공정
1 본딩 셋업
2 디바이스 셋업
3 비전과 광학
4 웨이퍼 셋업
5 출력 엘리베이터
6 입력 엘리베이터
7 스택로더
8 시스템 리셋
9 알람 부저

21 본딩 셋업
0 본드 헤드 셋업
1 이젝트 셋업
2 본딩 지연
3 본딩 위치 지정
4 다이 셋업
5 왼쪽 클릿 셋업
6 트랙 높이 조절 -600 스텝
7 회전팔 불가능
8 다이 재배치 가능
9 기타

나) 윈도우 클램프 조절하기

① 트랙에 LF를 로드한다. [2] 셋업→ [1] 본딩 셋업→ [0] 본드 헤드 셋업→ [A] 기타와 윈도우 클램프를 열기/닫기 위치를 조절하기 위해서 [0] 윈도우 클램프를 선택한다.

② ↑/↓키는 ↓키는 클램프 열기, ↑키는 클램프 닫기에 사용한다.
LF는 본드 클램프가 열기/닫기 지연 때문에 너무 타이트하게 클램프하지 않도록 적절하게 조절한다.

2	SetUP
0	Stamping Setup
1	Bonding Setup
2	Device Setup
3	Vision Setup
4	Wafer Setup
5	Ouput Elevator
6	Input Elevator
7	Stack Loader
8	Reset System
9	Alarm 부저

21	Bonding Setup
0	Bond Head Setup
1	Ejector Setup
2	Bond Delay
3	Twach Bond Position
4	Die Scrubbing Setup
5	Collet Life Count Setup
6	Track Height Adjustment
7	Rotary Arm
8	Replace Die
9	More

220	Bond Head Seup
0	Per Pick Position
1	Pick Die Positon
2	Bond Die Positon
3	Pre Bond Positon
4	Blow Collet Positon
5	Pick Die Level
6	Bond Die Level
7	RePlace Die Level
8	Bond Optic(x,y)
9	Pick Optic(x,y)
A	More

220	모드
1	Window CLamp Close Posn 1800 STEP
2	Missing Die Type Flow
3	Soft Touch Setup
4	Window CLamp Open Setp 300STEP

③ 병렬 정렬하기 위해 앤빌 블록에 윈도우 클램프 표면을 같이 정렬해야 한다.
록 스크루와 4개의 세트 스크루를 느슨하게 조절한다.
[그림 4-7]처럼 맞춘 후에 록 스크루를 조인다.

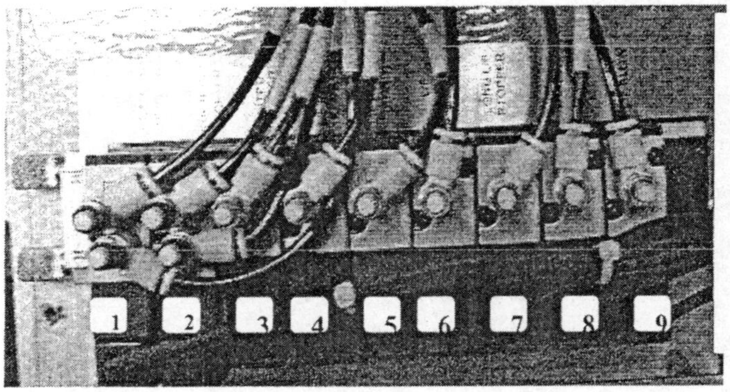

[그림 4-7] 윈도우 클램프 조절화면

④ 스프링 플렛트는 윈도우 클램프가 열려져 있을 동안에 앤빌 목록에 LF를 눌러 위치를 맞추어야 한다. 이것은 인덱싱 동안 LF 바운싱을 감소한다.

다) 인덱서 조절하기

① 워크홀더에 F5를 눌러 LF를 픽업한다.
② LF를 왼쪽에서 오른쪽으로 정렬한다.
정렬 방법은 피더(모서리를 홀 위치로) → 입력 인덱서(입력핀 대기위치) → 트랙에 LF전송(LF 위치정렬) → 출력 인덱서(출력핀 위치대기) → 출력 키커(키커 대기조절과 키커 제한조절)순이다.
③ [2] 셋업 → [2] 디바이스 셋업 → [8] 인덱싱 셋업과 [2] 모서리에서 홀 위치 지점은 피터 클램을 1st 단위 위치를 지정하기 위해서 선택한다.

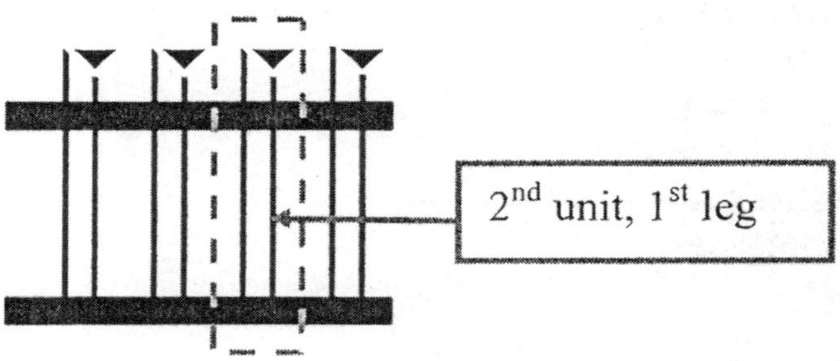

[그림 4-8] 인덱서 조절화면

④ 피더 X축 값을 변경하기 위해 [ESC]키를 누르고 증감값은 ←/→ 키로 피터를 좌우로 움직인다.

[F1]은 피더 닫기, [F2]는 피더 열기 키이다.

⑤ LF를 20유니트를 움직이기 위해서 입력 피치를 2유니트 단위로 조절해야 하며, LF를 30/40유니트를 움직이기 위해서는 입력 피치를 0유니트에 세트한다. 피더 위치는 1차보다는 2차 form로 세트시키는 것이 좋다.

2	SetUP
0	Stamping Setup
1	Bonding Setup
2	Device Setup
3	Vision Setup
4	Wafer Setup
5	Ouput Elevator
6	Input Elevator
7	Stack Loader
8	Reset System
9	Alarm 부저

22	Device Setup
0	Magazine Setup
1	LF Setup
2	Align LF Podition
3	Dsp/Bond OffSet (Unit Col) 70
4	Package Data 파일 Load
5	Measurement Unit mm
6	Select Input Device
7	Dsp X OffSet
8	Indexing Setup
9	More...

228	Indexing Setup
0	LF Orientation
1	Ouput Pin Standby Posn
2	Teach Edge To Hole Pos
3	Input Blow Delay 50msec
4	Adjust input Pitch 2Unit
5	input index OffSet -36um
6	unput Pin Standby Posn
7	Output index OffSet -36um
8	Output Pin Standby Posn
9	Output Kicher OffSet -97um
A	Adjust Kicher StandBy
B	adjust Kicher Limit

⑥ [2] 셋업 → [2] 디스바이스 셋업 → [8] 인덱싱 셋업을 하고 입력에서 X축 값을 티칭하기 위해 [6] 입력된 대기 위치를 선택하고, LF는 피더에서 입력 인덱서로 전송시킨다. 입력 인덱서는 반드시 1차 래그 단위로 가장 왼쪽으로 세로로 시킨다. 필요하다면 수동으로 인덱싱 핀 위치를 조절한다. 이것은 인덱싱 동안 LF의 좌우 스프팅을 감소할 수 있다.

- 피더/인덱서를 누른다.
- 인/아웃 핀을 조절하기 위해 두 개의 스크루를 느슨하게 한다.

- 인덱싱 핀과 래그 사이에 갭이 적어야 한다.
- 핀과 LF 래그는 반드시 90°이다.

⑦ 피더의 공압을 조절하여 입력 인덱서와 출력은 LF 인덱싱 동안 LF 바운싱을 최소화한다.

⑧ [2] 디바이스 셋업 → [2] LF 위치정렬하고, 모니터에 따라 한다(2.4 리드 프레 정렬부분을 참조할 것).

⑨ [2] 셋업 → [2] 디바이스 셋업 → [8] 인덱싱 셋업을 하고 출력 인덱서 X축 값을 티칭하기 위해 [8]출력 핀 대기 위치를 선택하고 리드 프레임을 입력 인덱서에서 출력 인덱서로 움직인다. 출력 인덱서는 1차 form로 왼쪽으로 최대한 움직인다.

⑩ 키커의 대기 위치를 티칭하기 위해서 [A] 키커 대기 조절을 선택하고 그것은 두 단위 사이에 위치하여야 한다.

⑪ 오른쪽 사이드 제한을 위한 키커를 티칭하기 위해 [8] 키커 제한조절을 선택한다. 이것은 출력 매거진 티칭하지 않고 트랙위에 위치해야 한다.

⑫ 50msec 정도를 [3] 입력 공압지연을 조절한다. 공압각도와 입력은 수동조절할 수 있다. LF는 피드위치에 붙어야 된다.

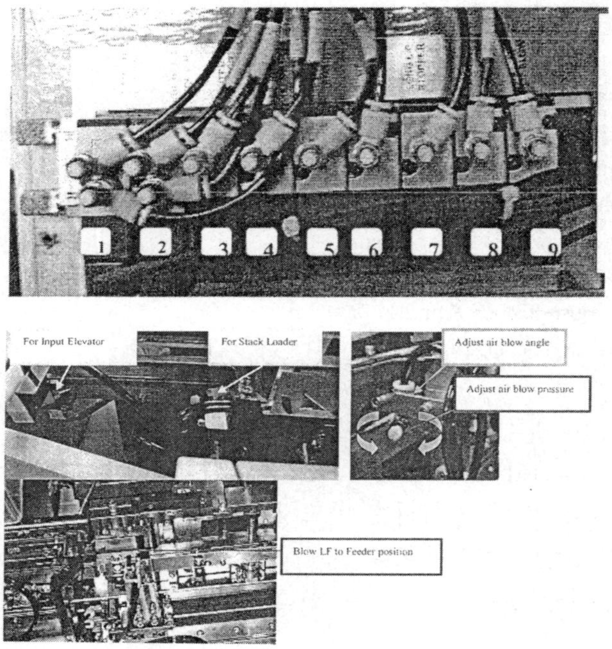

[그림 4-9] 인덱서 조절화면

(6) 출력 엘리베이터 조절하기

가) [0] Z위치에 언로드하고, 안쪽 타이밍 벨트에 매거진을 정렬시킨다.
나) [4] Y위치에 로드하고, 매거진 글리퍼를 위쪽 플랫폼에 가깝게 움직인다.
다) [3] Z위치에 로드하고, 글리퍼 플랫폼과 위쪽 플랫폼을 같은 레벨로 한다.
라) 매거진을 위쪽 플랫폼에 로드하고 [1] 첫 슬롯은 Z위치에 놓고, 트랙으로 1차 매거진을 정렬한다.
마) [2] 첫 슬롯 위치를 Y에 놓고 반복하고, LF는 자유롭게 움직인다.
바) 초록색 버튼은 매거진을 낮은 플랫폼으로 전송한다.
사) 공기의 흐름은 버퍼 플랫폼과 매거진 글리퍼의 인/아웃 압력을 제어한다.
[3] SERV → [9] 출력 엘리베이터 → [9] 기타 … [0] 버퍼 플랫폼, ON/OFF
[3] SERV → [9] 출력 엘리베이터 → [9] 기타 … [1] 엘리베이터, 글리퍼, ON/OFF

(7) 리드 프레임 정렬하기

디스펜서와 본드 오프셋 셋팅방법으로 이것은 디스펜서와 본드 포인트 사이의 오프셋을 설정하는 것이다.

가) [1] 셋업 → [2] 디바이스 셋업하고 DSP/본드 오프셋(단위 Col)을 선택한다. 오프셋수는 본드 위치와 LF의 디스펜싱 위치 사이를 입력한다.
나) 오프셋수는 본드 클램프와 디스펜스 클램프처럼 본드 광학과 디스펜스 광학 사이에 의해 결정되며, 50mm 정도이다. 디스펜서 광학1 오프셋단위로 카운트된다. 예를 들어 디스펜서 광학에서 4차 유니트는 오프셋 유니트에서 3이다. Col 오프셋은 반드시 수직 LF에서 0이어야 한다.
다) 만일 본드와 디스펜서 1차 유니트에서 오프셋은 0이다. (단지 본드와 디스펜스 광학이 물리적으로 50mm 떨어져 있기 때문만은 아니다.) 본드가 1차 유니트이고 디스펜스가 2차 유니트이면 오프셋은 10이다. 1차 유니트가 본드이면 디스펜스는 3차 유니트, 오프셋은 계속 2이다.

(8) LF 위치 정렬하기

이것은 에폭시/본드 패턴인식을 하기 위해 오른쪽에서 LP 멈춤을 티칭하고 LP 피치를 변경하기 위한 것이다.

가) 트랙위에 LF를 놓는다.

나) 셋업 메뉴>디바이스 메뉴>LF 위치정렬로 간다.
입력 인덱서는 LF를 본드 위치로 움직인다.
'본드 광학 위치정렬' 메시지가 나오면 조이스틱을 이용하여 조절한다.

다) 조이스틱을 사용하여 본드 광학아래에서 항상 정렬하기 위해 기준점을 선택하여 1차 정렬한 후 엔터를 누른다.

라) 모니터가 디스펜스 광학으로 바뀌고 '조이스틱을 사용하여 조절하시오'라는 메시지에 따라서 같은 기준점에 맞추고 엔터를 누른다.

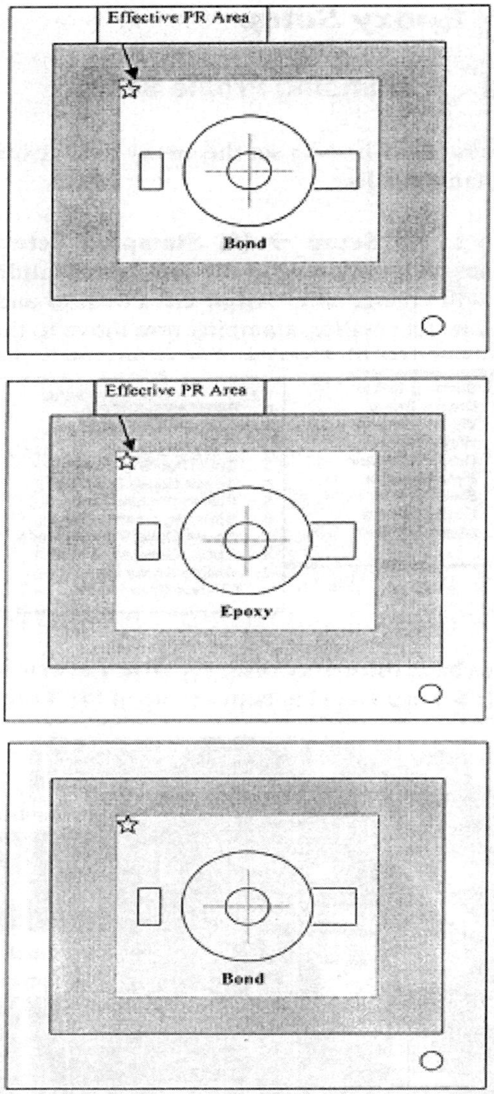

[그림 4-10] 에폭시, 본드 패턴 인식

마) 다음 메시지에 '조이스틱을 사용하여 LF 유니트 피치를 조절하시오'가 나오면 엔터를 누르다. LF는 1유니트 뒤로 가고, 조이스틱을 사용하여 같은 기준점에 광학은 조절한다. 엔터를 누른다.

바) 다음 메시지에 '조이스틱을 사용하여 본드지점 정렬'이 나오면 엔터를 누른다. 조이스틱을 사용하여 LF를 본드 광학아래 중앙지점에 맞추고 엔터를 누른다.

사) 다음 메시지에 '조이스틱을 사용하여 에폭시 위치정렬'이 나오면 엔터를 누른다. 조이스틱을 사용하여 LF를 디스펜스 광학의 중앙지점으로 맞추고 엔터를 누른다.

아) LF 스택으로부터 나오게 한다.

자) LF 셋업에서 LF는 항상 조이스틱으로 위치를 변경할 수 있다.

차) 인덱싱하는 동안 패드를 리드하면 간단히 LF 피치값을 한 비트 감소할 수 있다.

카) 인덱싱하는 동안 패드를 지연시키면 간단히 LF 피치값을 한 비트 증가할 수 있다.

(9) 에폭시 셋업하기

가) 스탬핑 프로파일 셋업

나) 스탬핑 프로파일 셋업은 스탬핑 디스크를 갖춘 기계로 에폭시 레벨과 스탬프 레벨로 에폭시 디스크 위치를 셋트시키는 방법이다.

다) [2] 셋업 → [0] 스탬핑 셋업 → [0] 디스크 위치로 하여 스탬핑 팔을 대기위치에서 왼쪽으로 이동시킨다. LF 위치와 에폭시 광학 정렬후의 변화값을 기억한다. 디스크 위치값이 적으면 스탬핑 팔을 더 왼쪽으로 옮긴다.

라) 록스크루를 느슨하게 풀고, 에폭시 디스크의 스탬핑 팔 클래시를 피하기 위해서 에폭시 디스크를 흔든다.

마) 디스크 위치를 적당하게 맞추기 위해서 3번 스크루를 느슨하고 타이트하게 조정한다.

(10) 웨이퍼 PRS 설치

가) 웨이퍼를 링 홀더/익스펜더에 삽입한다.

나) [2] Setup 선택
→ [3] vision & optics
→ [0] wafer alignment setup
→ [0] LED or IC 중에서 적합한 다이를 선택한다.

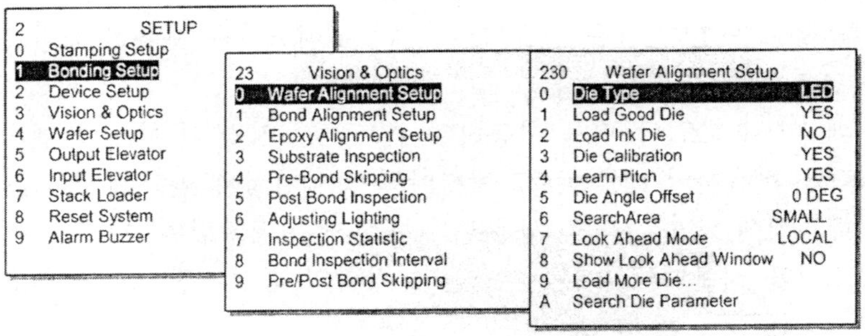

(11) LED Die의 경우

가) 조이스틱을 사용하여 웨이퍼를 모니터의 중앙에 오도록 이동한다. 웨이퍼 카메라의 배율 및 초점을 조정한다. 만역 에폭시와 접합 옵션들이 변경된 경우 다시 변경을 위한 alignment setup이 필요하다.

나) 메뉴판에서 [1] load good die를 선택한다.

다) ←/→ 키를 이용해 웨이퍼 테이블 세타를 조정한다.

라) 두 개의 코너를 조정하여 다이 주변의 사각형 모서리 위치를 정한다.

[1] 상단 왼쪽

[2] 하단 오른쪽 결정 후 [Enter]키를 누른다.

마) 광원을 조정한다. [expose-cycle]로 CCD를 조정한다.

ring light - 거친 표면을 가진 다이 모서리 경계 조정용

side light - 저반사 다이 표면용

coaxial light - 평판 표면용 직각 조명용

바) 필요하다면 [검사 윈도우] 창을 활성화시킨다. 그렇지 않을 경우 PR 시스템은 전체 다이를 보여주게 된다.

사) 만약 필요하다면 [무시 윈도우]를 둔다. 이는 포함되지 않은 다이를 표시한다. 본 PRS 시스템은 이러한 영역의 검사를 생략할 수 있도록 최대 4개의 창까지 제공한다. 검사 윈도우와 무시 윈도우 창이 겹칠 영역의 경우에는 무시 영역으로 정의된다.

아) [그림 4-11]처럼 흰색 바탕에 검정색 선(자름선 표시)이 선명하게 대비된 상을 만들 수 있도록 ↑/↓ 키 및 ←/→ 키(조이스틱)로 단계를 증감시켜 [마스크 스레스홀드] 값을 조정한다.

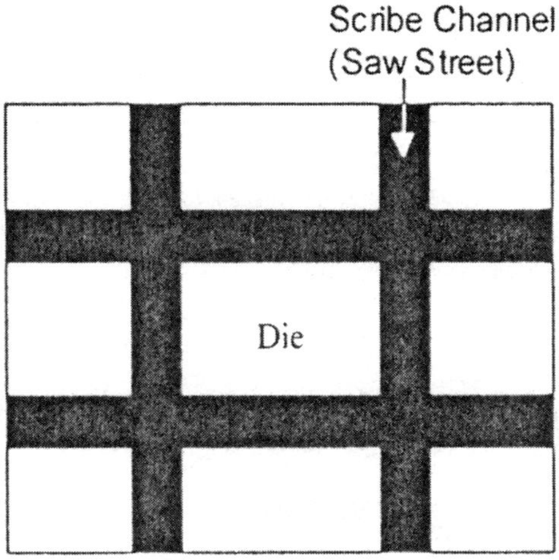

[그림 4-11] 다이 그림

자) 다이 모서리 로딩이 완료되어 다이에 초록색 사각형이 보이게 된다.
차) [2] load ink die를 선택한다.
카) [3] die calibration을 선택한다. PRS가 자동으로 다이를 조정한다.
타) [4] learn pitch를 선택한다.
PRS가 자동으로 다이 높이를 인식한다.
파) [6] search area를 선택한다.
작음, 중간, 큼 중에 하나를 선택한다.

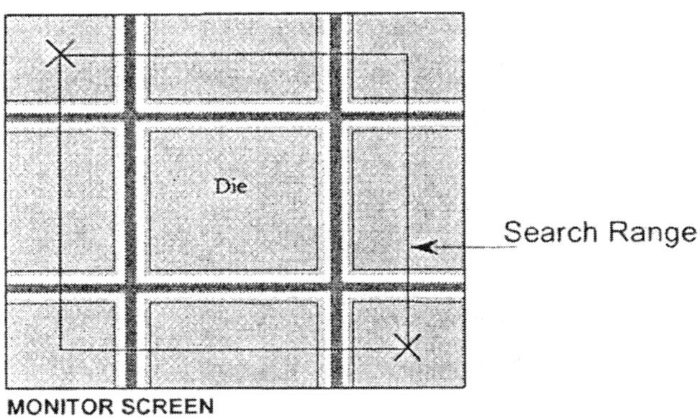

[그림 4-12] 다이 찾기 범위지정

하) [7] look ahead 모드를 선택한다. local, gobal 또는 disable 중 하나를 선택한다.

거) [8] look ahead 모드를 선택한다. 예 또는 아니오 중 선택한다.

너) 다이를 찾기 위하여 [F1]키를 누른다. 틀이 모니터 중앙에 정확히 위치하고 있는지 검사한다.

더) 다이 속성을 정하기 위해 메뉴의 [A] search die oarameter → 부메뉴의 [1] LED parameters 를 선택한다.

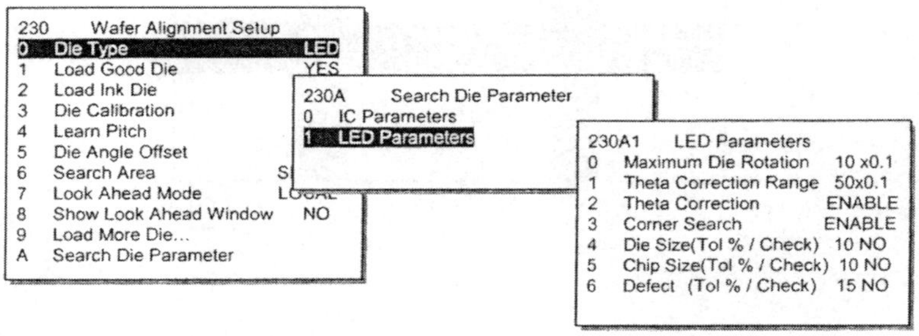

러) 세부적인 파라미터 설정은 다음에 설명한다.

(12) IC 다이를 위하여

가) 조이스틱을 사용하여 적어도 9개의 좋은 다이들이 PR 모니터에 보이도록 웨이퍼를 이동시킨다. 웨이퍼 카메라의 배율 및 초점을 조절한다. 만약 에폭시와 본딩 옵션이 바뀌었다면 그 조정을 위하여 다시 [alignment setup]이 필요하다.

나) 메뉴판에서 [1] load good die를 선택한다.

다) 다음 중 하나를 선택한다.

- 2 point template matching
- pattern guided edge matching
- pattern matching
- edge matching

라) 1. gray level, 2. binary level 중 하나를 선택한다.

일반적으로 gray level를 선택하면 된다.

마) ←/→ 키를 이용하여 웨이퍼 테이블 세타를 조정한다.

바) 두 개의 코너를 조정하여 다이 주변의 사각형 모서리를 확정한다.

[1] 상단 왼쪽

[2] 하단 오른쪽 결정후 [Enter]키를 누른다.

사) 광원을 조정한다. [expose-cycle]로 CCD를 조정한다.

ring light - 거친 표면을 가진 다이 모서리 경계 조정용

side light - 저 반사 다이 표면용

coaxial light - 평판 표면용 직각 조명용

아) 필요하다면 [검사 윈도우] 창을 활성화한다. 그렇지 않을 경우 PR 시스템은 전체 다이를 보여주게 된다.

자) 만약 필요하다면 [무시 윈도우]로 설정한다. 이는 포함되지 않은 다이를 표시한다. 당사의 PRS 시스템은 이러한 영역의 검사를 생략할 수 있도록 최대 4개의 창까지 제공한다. 검사 윈도우와 무시 윈도우 창이 겹칠 영역의 경우에는 무시 영역으로 정의된다.

차) 다이 로딩이 완료되었다. 다이 모서리에 초록색 사각형이 보인다.

카) [2] load ink die를 선택한다.

타) [3] die calibration을 선택한다. PRS가 자동으로 다이를 조정한다.

파) [4] learn pitch를 선택한다. PRS가 자동으로 다이 높이를 인식한다.

하) [6] search area를 선택한다. 작음, 중간, 큼 중에 하나를 선택한다.

거) [7] look ahead 모드를 선택한다. local, gobal 또는 disable 중 하나를 선택한다.

너) [8] look ahead 모드를 선택한다. 예 또는 아니오 중 하나를 선택한다.

더) 다이를 찾기 위하여 [F1] 키를 누른다. 틀이 모니터 중앙에 정확히 위치하고 있는지 검사한다.

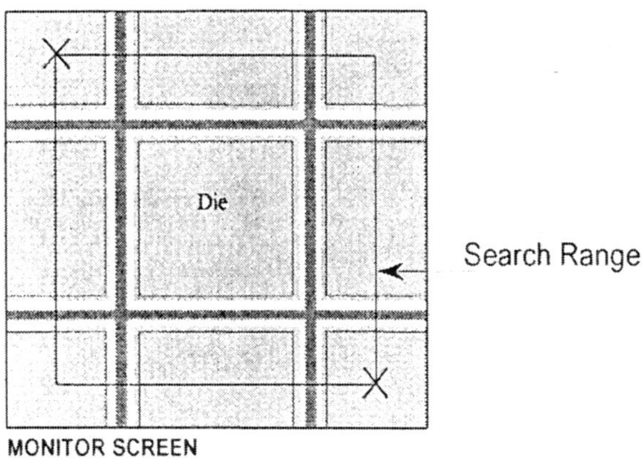

[그림 4-13] 다이 모니터 화면

러) 다이 속성을 정의하기 위해 메뉴의 [A] search die parameter → 부메뉴의 [1] IC parameters 를 선택한다.

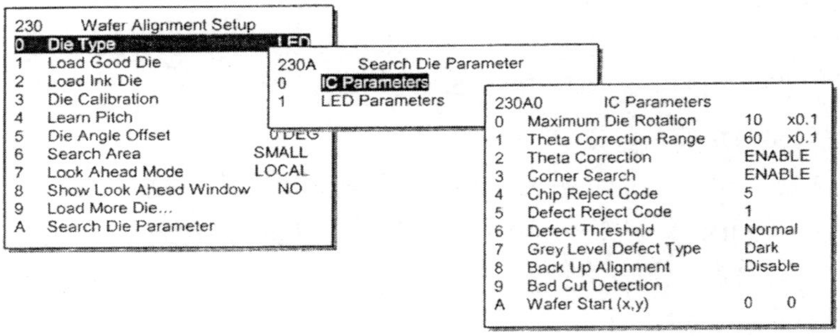

[그림 4-14]

2. 사용자 인터페이스와 메뉴 설명

가. 메뉴 구성

시스템을 제어하는 AD8930V의 메뉴는 크게 4개 주요 부분으로 구성되어 있다.

① 시스템 운전을 위한 BOND
② 시스템 설정 및 장치간 전환을 위한 SetUP
③ 유지 서비스 및 문제 해결을 위한 SERV
④ 기계 정보에 대한 도움말

← 또는 → 키를 이용하여 항목을 고른 다음, [Enter]키를 눌러 선택한다. 그 다음 ↑ 또는 ↓ 키로 변경하기 원하는 부메뉴 항목을 선택한다. 직접 키보드로 수치를 입력하거나 [Enter]키를 사용하여 기능이나 모듈을 활성화 또는 비활성화시킬 수 있다.

모든 메뉴와 부메뉴판에는 상단 왼쪽에 번호가 보인다. 이것은 제어 시스템에서 페이지 번호인데 일반적인 책자의 페이지 번호와는 다르다.

예를 들면, 메뉴판의 '123' 번호는 메뉴 '1.2.3'으로 간주해야 된다. 즉, 메뉴 '1'의 부메뉴 '2'를 의미하는 메뉴 '1.2.'의 '3번째' 부메뉴를 의미하는 것이다.

나. 기능 및 파라미터 설명

시스템 초기 설정시 사용자는 두 가지 선택을 할 수 있다.

(1) Warm 시작

패키지 파일을 로딩하여 시스템을 초기화할 수 있다.

패키지 파일내 파라미터는 LF 파라미터, 매거진 파라미터, 본딩 위치, 모터 프로파일들 등을 포함하고 있다.

(2) Cold 시작

패키지 파일을 로딩하지 않고 디폴트 파라미터들만으로 시스템을 초기화할 수 있다. 적절한 시스템 초기화를 위해 사용자는 정확한 시스템 설정을 선택해야 한다(주의 : [그림 4-15]의 경우는 cold start를 선택했을 때 나타나는 부메뉴를 보인 것이다).

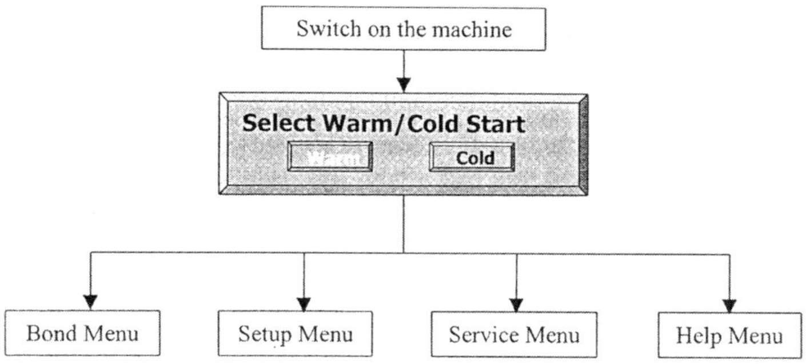

[그림 4-15]

제3절 실습순서

1. 다음 실습순서에 따라 실습한다.

   가. 전원을 가동한다.
   나. 공압을 체크한다.
   다. packing 파일을 backup한다.
   라. input L/F의 매거진 파라미터를 설정한다.
   마. 입력 엘리베이터를 설정한다.
   바. 출력 엘리베이터를 설정한다.
   사. 워크홀더를 설정한다.
   아. L/F 위치를 정렬한다.
   자. 픽업의 3포인트를 설정한다.
   차. 에폭시/본드 위치를 설정한다.
   카. 다이를 PR한다.
   타. 샘플 본딩을 한다.

2. 실습순서에 따른 실습보고서를 작성한다.

3. 정리정돈한다.

제 5 장

건조 공정

실습 과제명	**건조 공정(Curing)**			
목 표	① Q-오븐의 패널에 있는 각종 Key 사용법을 익힌다. ② Q-오븐의 사용법을 익힌다.			
장비 및 공구	소요재료	규격	수량	안전 및 유의사항
- Q-오븐	- LED Lamp - 제품 구별 상자			① 장비 사용시, 무리한 힘을 가하여 장비가 파손되지 않도록 한다. ② 장비사용법을 정확히 이해하고 사용하도록 한다. ③ 가동 중인 장비의 도어를 강제로 열지 않도록 한다. ④ 장비 내에 인화물질, 폭발성 물질을 넣지 않도록 주의한다. ⑤ 가열된 제품은 만져서 화상을 입지 않도록 주의한다.

제1절 관계 지식

1. 개 요

이 장비는 다이 본딩을 끝낸 후 이를 안착시키기 위한 건조공정으로서 장비로는 [그림 5-1]에 보인 Q-오븐을 사용한다. 이 공정은 다이 본딩 후 공정으로 정확한 공정관리가 양품률을 높이기 때문에 효율적인 사용법과 시스템 사용법과 셋업 과정에 대해 설명하기로 한다.

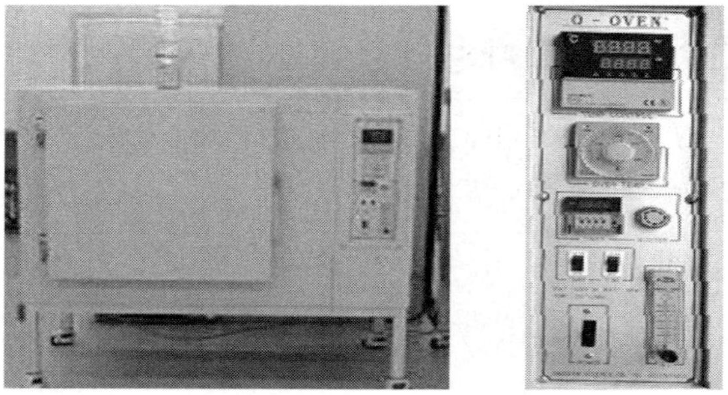

[그림 5-1] Q - 오븐과 control 패널

2. 각 부분의 명칭 및 동작

Q-오븐은 die bonding 공정 이후 소재를 오븐에 curing하는 작업으로 경화성 수지를 경화시켜 패키지 성형을 완성하는 장비이다. Q-오븐의 각 부분 명칭과 동작을 알아본다.

가. temp controller

설정온도와 chamber내 현재온도를 digital로 1℃단위로 표시한다.
PID control기능.

나. over temp control

온도 과열 방지기능을 하며 이 기능이 작동하면 heater는 가열되지 않는다.
따라서 1)번 설정온도 보다 약 10℃높게 설정하여 주어야 한다.

다. timer

main power 스위치로 전원을 공급받아 작동되며 실제로 설정온도에 도달되기 전에는 작동이 되지 않고 설정온도 도달시 작동(파란등 점멸)되며 시간 완료 후(적색등 점등) 부저가 울리면서 Heater는 off 상태로 된다. 이때 제품을 꺼내고 다시 가동할 때는 timer 스위치를 off 혹은 on으로 하여야 heater가 작동을 한다(off-timer 사용안함, on-timer 재사용함).

라. 부저

timer에 의하여 작동되며 작동 후 약 5초 후에 자동으로 소등된다.

마. timer 스위치

timer에 전원을 공급하여 준다.

바. temp 스위치

temp controller에 전원공급 - heater에 전원공급
motor용 마그네트 접점에 전원 공급 - 내부 공기순환된다.
over-temp에 전원을 공급하여 준다.

사. main power 스위치

전원을 건조기 본체로 연결시켜 준다(마그네트 접점 스위치).

아. N_2 gas Flow meter

외부에서 N_2 gas를 공급받아 chamber 내부로 공급하여 주는 역할을 한다.
가스량은 미세하게 조정할 수 있는 밸브가 부착되어 있어 사용하기 편리하다(보통 평상시는 사용치 않고, 내용물의 산화방지를 위하여 사용한다).

자. door 경첩

door와 건조기를 연결시켜 주는 역할을 한다.

차. 배기관

제품 건조시 epoxy fume을 밖으로 내보는 관로이며, 완전 개방시 열손실이 크므로 조정하여 사용하여야 한다.

카. thermo couple

내부의 온도를 감지하여 주는 CA type 센서다.

타. control 패널 cover

통상 6개월에 한번씩 cover를 떼어내고 Unit 및 접점 등에 붙어 있는 먼지를 진공 청소기 등으로 청소를 하여 기기의 성능을 최적의 상태로 유지하여야 한다.

파. 바퀴, 고정대

기기의 이동시사용, 높이 조절 및 고정

하. Door 및 손잡이

제품을 넣고 꺼낼 때 사용되며 사용시 무리한 충격을 주지 않도록 한다(파손주의).

제2절 장비사용법

1. 설치방법 및 사용시 주의사항

① Q-오븐의 공급전력은 220V, 3상₵, 60Hz에서 정상 작동하도록 제작되었다. 입력선은 220V, 3상 4선식이며 녹색선은 접지이며, 설치시 반드시 정격을 확인하여야 한다.

② 수평이 유지되는 곳에 설치한다.

③ 전원코드를 콘센트에서 분리할 경우에는 코드를 잡지 말고 플러그를 잡고 분리하여야 한다.

④ 젖은 손으로 전원 코드를 만지지 말아야 한다.

⑤ 기기 우측의 control 패널 부위에 물이나 수분이 유입되지 않도록 한다.

⑥ 기기 가동 전에 반드시 배기덕트를 연결한다.

⑦ control 패널의 계기에 물리적인 충격으로부터 보호하여야 한다.

⑧ 기기내부에는 절대적으로 인화물질, 폭발성 물질을 넣지 않도록 주의한다.

⑨ 오랜 기간 동안 사용을 하지 않을 때는 전원 코드를 분리한다.

2. 작동순서

순 서	실행내용	설 명
1	전원공급	
	전원선 연결	모든 스위치를 off 위치에 둔 상태에서
	main sw on	전원 공급(메인 접점 스위치가 '딱' 소리)
2	heater가 가열	
	temp sw on	motor가 회전(화살표방향으로)
	temp controller 온도설정	heater 가열 시작
	over temp controller 온도설정	1. temp control의 온도보다 +10℃ 높게 설정 2. 작동 중에 온도 상승이 안되면 over temp 온도를 더 높게 설정한다.
3	timer의 시간설정	
	timer의 시간설정	분, 시간으로 설정
	timer 스위치 on	timer의 작동은 설정온도 도달시 작동
		예를 들어 150℃에서 40분 사용하고자 하면 타임을 40분으로 맞추고 sw를 on시킨다. 그러면 내부온도가 150℃ 도달하면 타임이 작동하여 40분후에 부저가 울고, 5초 후에 부저가 꺼짐, heater는 off 상태.
4	재가동	
	재가동시 timer 스위치 off	heater가 on 상태
주의	사용하기 전에 반드시 배기관에 덕트를 연결하여 연기 및 fume을 배출시켜야 한다(처음에는 약간의 연기가 발생하는 경우가 있음).	

3. 고장의 원인 및 처리방법

가. 기기가 작동하지 않을 때

① 전원 플러그가 콘센트로부터 빠져있지 않은가 확인한다.
② 전원 공급용 마그네트 접점기가 작동을 하는지 확인한다.
③ 정전이 되었는지 확인한다.
④ 서비스 의뢰를 한다.

나. 온도가 상승되지 않을 때

① 설정온도를 확인한다.
② over temp controller가 작동되었는지 확인한다(실제 설정온도보다 +10℃ 높게 설정한다).
③ timer 설정을 확인한다(설정후 스위치 on후 완료되면 heater off된다).
④ motor 접점 스위치에서 over-load가 작동이 되었는지 확인한다.
⑤ 서비스 의뢰를 한다.

다. 온도 제어가 되지 않을 때

① 설정온도를 확인한다.
② over temp controller가 작동되었는지 확인한다(실제 설정온도보다 +10℃ 높게 설정한다).
③ 전원의 전압을 확인한다.
④ 서비스 의뢰를 한다.

4. 기기(장비, 설비)의 관리

가. 기기의 외부

① 전원 플러그를 전원 콘센트에서 분리한다.
② 물이 떨어지지 않을 정도로 중성세제에 적신 부드러운 천으로 닦아준다.
③ 마른 천으로 닦아준다.
④ 유기용제를 사용하지 않는다.

나. 전기부품의 청소

① 전원 플러그를 전원 콘센트에서 분리한다.
② 반드시 마른 천으로 닦아준다.

다. 장기간 사용하지 않을 때

① 전원 플러그를 전원 콘센트에서 분리한다.

② 모든 스위치를 끄고 마른 천으로 닦아준다.
③ 먼지로 부터 보호하기 위하여 포장하여 보관한다.

제3절 실습순서

1. 건조 대상 재료(다이본딩된 소재)를 준비한다.

2. 장비의 전원 연결상태를 확인한다.

3. 장비의 모든 스위치의 위치를 확인한다.
   가. 이때 모든 스위치가 off 상태인가 확인한다.
   나. off 상태가 아닌 스위치는 off 상태로 조작한다.

4. 오븐의 도어를 열고 다이본딩된 소재를 넣고 도어를 닫는다.

5. main sw를 on 위치로 조작하여 전원을 공급한다.

6. temp sw를 on 위치로 조작하여 모터를 구동시킨다.

7. temp controller 온도를 설정한다. 이때 히터가 가열되는지 확인한다.

8. over temp controller의 온도를 설정한다.
   가. temp control의 온도보다 +10℃ 높게 설정해준다.
   나. 작동 중에 온도 상승이 안되면 over-temp 온도를 더 높게 설정한다.

9. timer의 시간을 설정한다.

10. timer sw를 on 위치로 조작하여 타이머를 작동시킨다.
    가. timer는 설정온도 도달시 작동된다.

나. 설정시간에 도달하면 부저가 울리고, 5초 후에 부저가 꺼진다.
다. 이때 heater는 off 상태가 된다.

11. 소재의 건조가 끝나면 제품을 꺼내고, 장비의 작동을 정지시킨다.

12. 장비를 재가동시키고자 할 때 timer 스위치를 off에 위치한다.
    이때 히터는 on상태로 된다.

13. 건조가 완료된 소재를 다음 공정(wire bonding)으로 이송한다.

14. 실습보고서를 작성한다.

15. 정리정돈한다.

제 6 장

와이어 본더

실습 과제명	**와이어 본더(Wire Bonder)**			
목 표	① 와이어 본더 시스템을 조작할 수 있다. ② 와이어 본더 장비사용법을 익혀 LED를 제조할 수 있다. ③ 다양한 와이어를 본딩할 수 있는 프로그램 능력을 보유할 수 있다.			
장비 및 공구	소요재료	규격	수량	안전 및 유의사항
- eagle60-03	- 골드 와이어 - 캐필러리 - 리드 프레임	0.1mil 램프형	1롤 소요량	① 장비 사용시, 무리한 힘을 가하여 계측기가 파손되지 않도록 한다. ② 장비사용법을 정확히 이해하고 사용하도록 한다.

제1절 관계 지식

1. 개 요

SM eagle60-03 골드 와이어볼 본더 장비는 컴퓨터 제어를 이용하여 lamp형 LED의 리드 프레임에 연결하여 본딩된 칩과 단자를 골드 와이어로 본딩해 주는 장비이다. 0.1mil 와이어를 사용한 극미세 피치 35 마이크론까지 본딩을 할 수 있는 능력이 있다.

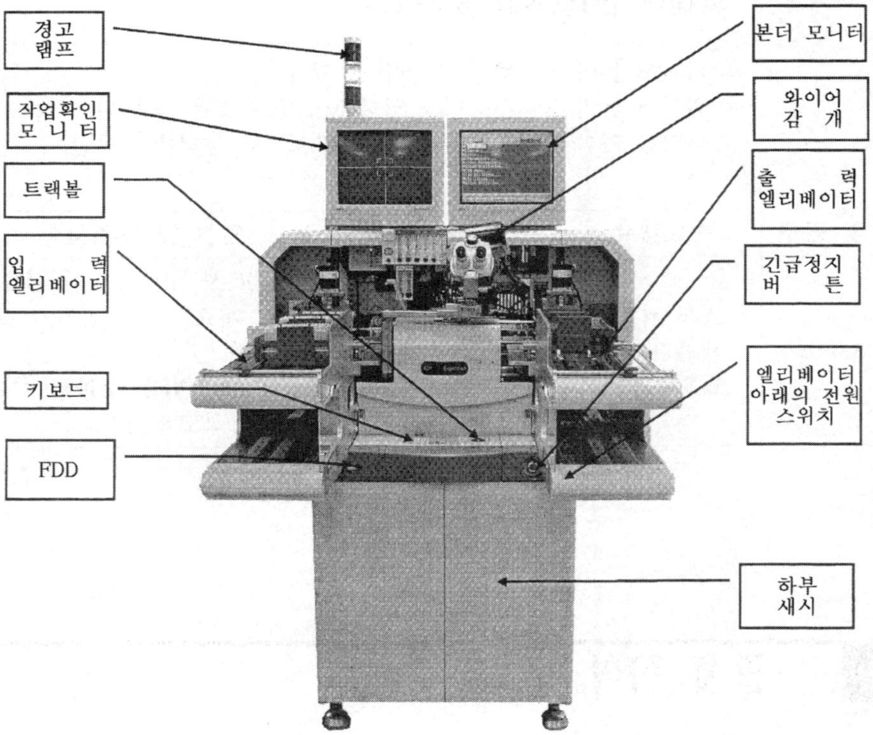

[그림 6-1] 자동 골드 와이어 eagle60-03의 주요 구성 요소

2. 주요 제원

본딩 시스템

본딩 방법	열전 음파(TS)
BQM 모드	일정 전류, 전압, 전력과 표준
루프(loop) 형태	표준, 낮음, 정사각, 오각, J
XY 분해능	0.2㎛
Z 분해능(캐필러리 이동 운동)	0.4㎛
파인 피치 특성	35㎛ 피치@0.6mil 와이어
본딩 와이어 수	3000까지
저장	하드디스크 상에 1000개
다중모드 변환 시스템	가능한 프로필, 제어와 진동 모드

비전 시스템

패턴인식 시간	70ms/point
패턴인식 정확도	±0.37㎛
리드 로케이터 검출	12ms/1ead(3leads/Frame)
리드 로케이터 정확도	±2.4㎛
포스트 본딩 검사	첫번째 본딩, 두번째 본딩과 와이어 트레이싱
최대 다이 레벨 차	400~500㎛

재료 핸들링 시스템

인덱싱 스피드	200~250ms@0.5″ 피치
인덱서 해상도	1㎛
리드 프레임 위치 정확도	±2mi1
적정 리드 프레임	W=25~60mm L=121.5~248mm T=0.2~0.8mm
적정 매거진	W=140mm(최대) L=155~248mm H=145mm(최대)
매거진 피치	2.4~10mm(0.09″ ~ 0.39″)
디바이스 변경	< 4분
패키지 변경	< 5분
버퍼 매거진 수	8(최대)

설 비

전압	110V AC(옵션 100/120/200/210/220/230/240V AC)
전압 허용오차	±10%
주파수	50Hz(60Hz 옵션)
주파수 허용오차	±1%
위상	단상
공압	3~6bar에서 최대 152LPM
소비전력	1500W

동작 조건

주위 온도	5℃~40℃
습도	< 80%
고도	해발 1000m까지
치수와 중량	
전체 치수	타워 없이 1145mm(W), 1415mm(D), 750mm
중량	700kg

제2절 장비사용법

1. 각 부의 기능

가. 와이어 본더 본체

(1) 디지털 본드 헤드

본드 헤드는(보이스 코일 사용) 강력한 본딩을 하기 위해 정밀한 Z축 동작을 한다. 이 디지털 본드 헤드의 장점은

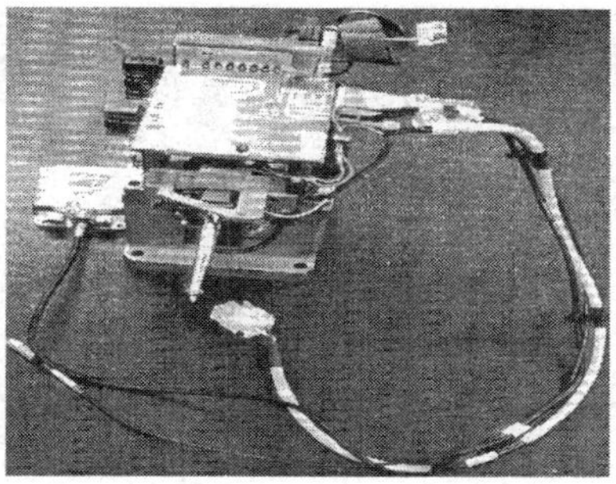

[그림 6-2] 본드 헤드 어셈블리

가) 작고 낮은 관성
나) 매우 빠르고 정밀한 Z동작
다) 매우 안정된 Z동작
라) 매우 작고 안정된 충격력
마) 충격력에 의한 빠른 반응 시간

으로 8mm까지 와이어 본딩이 가능하다.

(2) XY 테이블

정확한 본드 모양을 만들기 위해 XY 테이블을 이용하며 eag1e60-03의 XY 테이블은 진보된 DSP에 기반을 두어 제어되는 선형 모터에 의해 구동된다(이 선형 모터는 매우 빠르고 목표를 원하는 위치에 정확히 위치시킨다). 더욱이, XY 테이블은 인코더 스텝당 0.2μm의 분해능을 가지고 있으며 본드 팁 가까이에 선형 눈금이 있고 열팽창 계수가 낮기 때문에 온도 변화에 반응하기 어려워서 XY 테이블이 정밀하게 동작할 수 있도록 해준다.

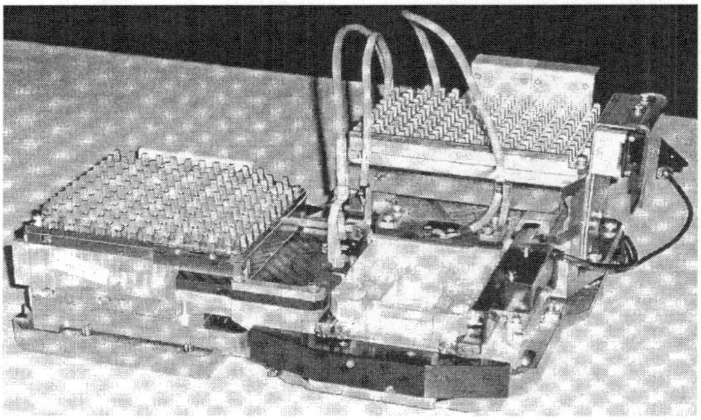

[그림 6-3] XY 테이블 어셈블리

(3) 작업 홀더(work holder)

작업 홀더의 구조는 유지·보수가 편리하고 진동을 줄일 수 있도록 최적화되었다. 선형 모터들은 5μm@3σ의 정확도와 1μm 분해능의 인덱서용 인코더를 사용하였다. 인덱싱이 더 잘되도록 고정식 클램프를 추가하였고 작업 홀더에 설치된 모든 솔레노이드들은 비접촉식이므로 수명이 증가되었으며 빠른 예열과 온도 상승을 위하여 돌출 히터(옵션)와 예열 범위를 늘렸다.

[그림 6-4] 작업 홀더 조립부품

(4) 키보드(keyboard)

키보드는 사용자가 본딩에 대한 실행 절차를 선택할 수 있도록 해준다.

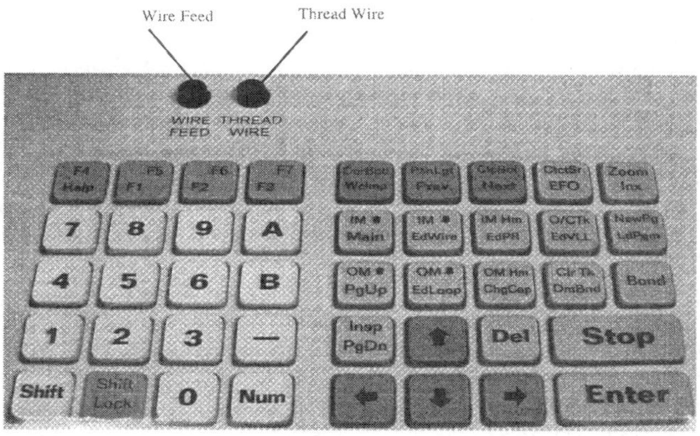

[그림 6-5] eagle60-03의 사용하기 편리한 키보드

〈표 6-1〉 키보드 기능

WcLamp	와이어 클램프를 열고 닫는다.
Prev	이전에 들어간 매트릭스 디바이스를 인덱싱한다.
Next	다음에 들어갈 매트릭스 디바이스를 인덱싱한다.
EFO	불꽃 점화를 시작한다.
lnx	리드 프레임을 인덱싱한다.
Main	메인메뉴를 표시한다.
Ed Wire	와이어를 수정한다.
Edpr	PR을 수정한다.
EdVLL	VLL(Visual Lead Locator)을 수정한다.
Load Pg	디스크로부터 프로그램을 읽어 들인다.
PgUp	페이지를 앞으로 넘긴다(와이어를 프로그래밍 중일 때는 이전으로).
Ed Loop	반복을 수정한다.
Chg Cap	캐필러리를 바꾼다.
DmBnd	가짜 접합을 한다.

〈표 6-2〉 [Shift] + [명령 키]를 사용하였을 때 키보드 기능

CorrBnd	본딩 정정 (싱글본드 파라미터에서만 동작)
Pan Lgt	패널 등의 on/off
Clp Sol	윈도우 클램프의 개폐
Ctact Sr	접촉 탐색
Zoom	렌즈 교환
IM up	인덱스된 입력 매거진을 올린다.
IM Down	인덱스된 입력 매거진을 내린다.
IM hm	입력 매거진을 홈 위치로 한다.
O/C tk	트랙을 개폐한다.
New Pg	새 프로그램을 길들인다.
OM up	인덱스된 출력 매거진을 올린다.
OM Down	인덱스된 출력 매거진을 내린다.
OM home	출력 매거진을 홈 위치로 한다.
Clr tk	트랙을 지운다.
Insp	사용하지 않는다.
Bond	자동 본딩 메뉴로 간다.
Pq Dn	페이지를 뒤로 넘긴다(프로그래밍 중에 다음 와이어로 이동).

(5) 보이스 코일 와이어 클램프

가볍고 튼튼하며 빠른 응답 시간 및 주위 온도보다 5℃ 이상일 때만 그 특성이 변하고 슬라이더에 베어링이 없기 때문에 오일이 필요 없다.

(6) 고속 패턴인식(PR : Pattern Recognition) 시스템

그레이 레벨 정렬, 바이너리 레벨 정렬, 세이프 레벨 정렬과 하이브리드 정렬을 설정할 수 있도록 되어 있다.

(7) 전면 로딩 와이어 스풀(front loaded wire spool)

전면 로딩 와이어 스풀의 이점은 와이어 통과경로를 부드럽게 하고 선형으로 공급한다. 와이어 장력은 일정하고 에어 소모가 적다. 새로운 장력 가이드는 스풀 대체를 쉽게 하며 새로운 와이어 피드 센서 위치는 빠르고 안정적으로 와이어를

공급해 주고 빠른 응답과 지속적이고 편리한 골드 와이어 접지 기능 등이 있다.

[그림 6-6] 전면 로딩 와이어 스풀 조립부품

(8) 트랙 볼(track ball)

빨간 색 트랙 볼은 키보드 옆에 있다. 이것은 사용자가 XY 테이블의 방향조절을 할 수 있도록 하고 X, Y축 모두 정확한 위치 결정을 위해 2개의 인코더를 활용한다.

(9) 시스템 on/off

주 전원 스위치는 장비 오른쪽에 있고, 이 주 전원스위치 옆에 긴급 스위치가 있다.

(10) 디스크 드라이브(disk drive)

고밀도(1.44Mbytes) 플로피 디스크 드라이브(3½")는 장비 왼쪽에 있다. 본딩 이나 시스템 업그레이드 소프트웨어를 다운로드/백업하는데 사용된다.

〈표 6-3〉 시스템 소프트웨어 디스켓

	목 표	내 용
디스크 1	PC 본더	메인 시스템 소프트웨어
디스크 2	PC 본더	PC 메뉴 데이터 파일 폰트 파일 두번째 언어
디스크 3, 4, 5	PC PRS와 작업 홀더	PR 백업용 보관 파일 PC 작업 홀더

(11) 에어 스위치와 제어(air switchs & controls)

공압 조정 박스는 장비 섀시의 왼쪽 위에 있다. 6개의 에어 밸브 박스는 본딩 헤드 시스템들을 제어한다. 에어 조절 스위치 박스는 에어를 on/off하며 오른쪽으로부터 왼쪽 순으로 다음과 같이 조절할 수 있다.

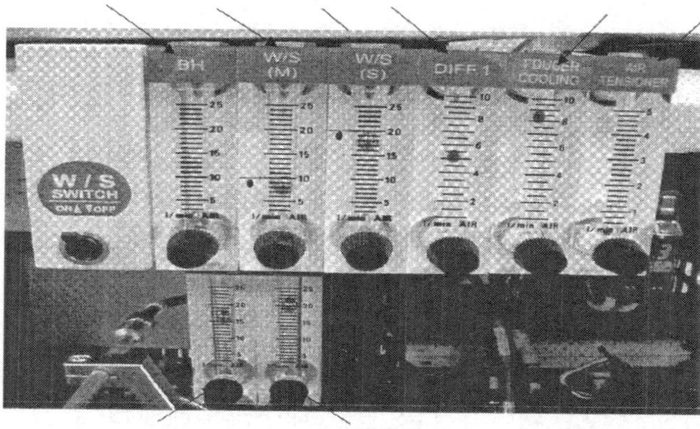

[그림 6-7] 공압 분배 스위치

(12) 와이어 스풀(wire spool)

와이어 스풀 on/off 스위치는 조정 박스의 왼쪽에 있다. 이것은 에어 가이드에 에어 공급을 on/off 하는데 사용한다.

(13) W/H 확산기(diffuser)

W/H 확산기는 열 축적을 방지하는 것으로, 왼쪽 인덱스 센서를 식혀주어 센서의 수명을 연장하는데 사용된다(이것은 센서 성능에 영향을 준다).

(14) 본드 헤드 확산기(bond head diffuser)

1/2 확산기는 카메라 아이 포인트의 뜨거운 열기를 불어내는데 사용하며 모니터에 안정된 영상을 보장해준다.

(15) 경고 램프(attention lamp)

장비의 윗부분에 3색 타워 램프가 장착되어 있다. 그것은 적색, 황색 또는 녹색으로 각각 장비의 정지, 페이지 정지나 작업 상태를 표시하며 사용자의 주의를 끌기 위하여 부저로 알려준다.

(16) 모니터(monitor)

이 장비는 14"모니터가 두 대이고 뚜렷한 영상을 표시하며 프로그램을 쉽게 하기 위하여 다이 및 리드들의 이미지를 갈무리할 수 있다.

(17) emergency stop

전원 스위치 옆에 있고 누르면 어떤 상태에 있든지 정지한다. 다시 풀면 장비 파워를 다시 올려야 한다.

(18) 온도 제어기(temperature controller)

가능한 온도 제어기는 장비 히터 시스템의 온도를 조절하는데 사용된다. 이것은 자동으로 조정되고, 디지털 출력과 온도 범위를 넘어서면 경고하는 능력도 있으며, 열손실과 와이어 저항을 보상하기 위한 (−)오프셋 값을 가지고 있다. 온도 범위를 벗어나면 모니터에 메시지를 표시하고 본딩 동작을 정지한다.

(19) 프로그램할 수 있는 EFO 발생기(programmable EFO generator)

이 설명서에 설명된 불꽃 발생기는 열전음파(thermosonic) 와이어 본딩 과정에서 얇은 골드 와이어를 녹여 볼을 만드는 장치이다. 용어 PEFO는 Programmable Electrical Flamre Off 유닛을 뜻한다.

•전원 켬	on
•트리거	□
•쇼트	off
•오픈	
•타임아웃	
•갭 와이드	

[그림 6-8] PEFO 발생기

[그림 6-8]에 보인 바와 같이 전면 패널에 있는 6개의 표시등은 불꽃 발생기와 불꽃점화 결과 상태에 대하여 오퍼레이터에게 알려준다.

(참조 : 임의의 에러 조건에 따라 여러 개의 표시등이 동시에 켜질 수도 있다)

㉮ 전원 켬(power on)

발생기 스위치가 켜지면 불이 들어온다(힌트 : 유닛을 서비스할 때 제어 보드에 LED가 켜져야 한다).

㉯ 트리거(trigger)

불꽃이 발화하면 짧게 불이 들어온다. 불꽃이 지속되면서 전류제어 트랜지스터와 같이 on 상태가 유지된다.

㉰ 쇼트(short)

불규칙한 꼬리 구조 때문에 와이어와 스틱 사이의 간격이 단락되어 볼이 형성되지 않을 수 있다. 약 1100V 이하의 매우 낮은 항복전압은 일반 범위를 벗어난 단락 조건으로 간주한다.

㉱ 오픈(open)

현재 와이어가 없거나 어떤 이유로 항복전압이 발생하지 않았다면 오픈 에러를 알리고 막대가 심하게 오염되었을 때 발생한다. 출력 불능 스위치가 꺼져 있으면 같은 경우에 해당된다.

㉤ 타임 아웃(time out)

불꽃 시간은 최대 15ms로 제한되어 있다. 볼이 아직 형성되지 않았다면 이 에러가 표시된다. 이런 현상은 전류가 아주 낮게 설정되어 있거나 볼 크기를 크게 설정했을 때 발생한다. 볼을 형성하는데 15ms 이상이 필요한 경우 전류가 규격값 이상이 설정되어 있다면 글로우 방전은 불안정하게 되고, 불꽃방전하는 동안 전류는 끊길 것이다. 이런 동작은 타임 아웃 에러로 감지된다. 사용자가 볼 크기 설정 값을 0에 가깝게 설정하면 어떤 볼도 형성할 수 없기 때문에 이 에러가 발생한다.

㉥ 갭 와이드(gap wide)

이것은 에러 조건이 아니라 경고나 힌트일 뿐이다. 이 LED가 켜질지라도 볼은 적절히 형성된다. 다만 간격이 설정된 경계 값을 초과하여 높은 항복전압이 필요하다는 것을 나타낸 것에 불과하다. 오퍼레이터는 'gap wide voltage'로 경계값을 설정할 수 있다. 일반적으로 공장 설정 규격값에 따라 설정 가능한 최대 전압에서 약 200~500V 정도의 낮은 전압으로 설정한다. 이 기능을 사용하고 싶지 않다면, 6000V 이상으로 경계값을 설정하면 된다. 너무 낮게 설정하면 불필요한 경고를 하게 된다. 이 지시등이 자주 점등되면 터치 노즐이나 배열을 확인해야 한다는 것을 오퍼레이터에게 상기시키는 것이다.

㉦ EFO Box LED 인디케이터

하나 이상의 지시등이 켜졌을 때 :

① 단락(short) + 시간초과(time out)

의미 : 저전압이고 일반적으로 트리거 신호가 동작된 후 불꽃 발생기 내의 하드웨어 장애를 표시하고 고전압이 형성되지 않는다는 뜻이다. 그러나 측정된 내부저항이 단락되었다면(예를 들어 접지된 전면 패널에 전류 터미널이 접촉되었다면) 켜진다.

② 개방(open) + 시간초과(time out)

의미 : 항복 후 전류가 흐르지 않는다. 전류가 매우 낮은 값으로 설정되어 있는 경우나 막대가 몹시 더럽혀져 있을 때 일어날 수 있다. 또 다른 이유로는 불꽃 발생기 내부에 하드웨어 고장일 수 있다.

③ 단락(short) + 개방(open) + 시간초과(time out)

의미 : 출력전압이다. 이것은 불꽃 발생기 내부에서 생긴 매우 심각한 하드웨어 에러이다. 마이크로컨트롤러는 전류 제어 트랜지스터가 오프되지 않고 불꽃이 튄 후에도 출력에 전압이 있다는 것을 검출한 경우이다. 고전압 릴레이는 자동

으로 오프되고 출력은 위험 전압으로부터 차단시켜 호스트와 통신을 끊고 발생기 스위치를 끈다. 이 동작은 즉시 수행된다. 지시등이 켜지면 다음 불꽃이 트리거 될 때까지 유지되고 새로운 불꽃이 시작되면 꺼진다. 이전과 같은 에러나 경고가 발생하면 다시 켜진다.

나. 시스템 소프트웨어 기능들

기 능	설 명
5	X, Y 위치 표시
15	서비스 메뉴
17	캐필러리(capillary) 교환
18	US 전원 조정
99	BSOB 본딩
100	장비 시스템 버전 표시
110	XY 테이블과 본딩 헤드 원위치
902	드라이/런 토글
903	보호 스위치 : 캐필러리가 윈도우 클램프와 부딪히는 것을 방지

(1) 메인 메뉴

↑ 사용자가 숨겨진 기능들을 이용	↑ 접합 프로그램 메뉴	↑ BSOB 파라미터 메뉴	↑ 루프 파라미터 메뉴	↑ 두 언어 사이를 토글
F1 기능	F2 페이지로	F3 페이지 토글	F4 영상 토글	F5 언어 변경
F6 속도 변경	F7 히터 파라미터	F8 도움말	F9 -	F10 -
XY 테이블 이동속도 변경 ↓	자동 점등 ↓	미래 개발용 예약 ↓	미래 개발용 예약 ↓	미래 개발용 예약 ↓

(2) 자동 학습 와이어 메뉴

사용자가 숨겨진 기능들을 이용	원하는 메뉴로 즉시 가기	자동 패드 가운데 정렬 수행	미래 개발용 예약	리드 배치부에 비디오를 장착
F1 기능	F2 페이지로	F3 페이지 토글	F4 영상 토글	F5 언어 변경
F6 속도 변경	F7 히터 파라미터	F8 도움말	F9 -	F10 -
XY 테이블 이동속도 변경	히터의 실시간 온도 표시	미래 개발용 예약	미래 개발용 예약	미래 개발용 예약

2. 장비의 메인 메뉴 구조

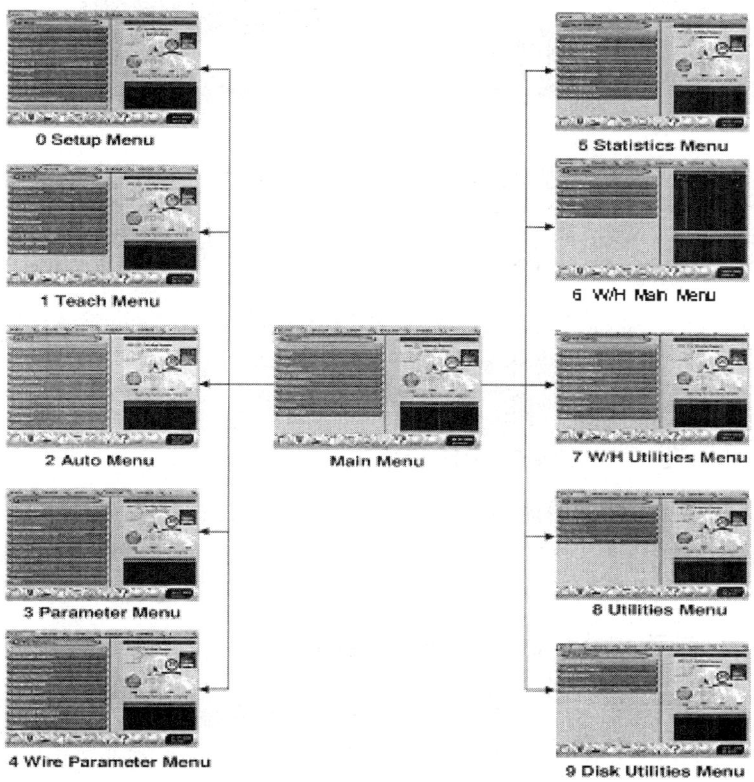

[그림 6-9] 전체 메인 메뉴 구조

가. 메인 메뉴

eagle60-03 골드 와이어 본더는 사용자 중심의 키보드와 모니터 디스플레이를 통하여 대화할 수 있고 메인 메뉴는 10가지 다른 메뉴들로 구성되어 있으며 각각의 메뉴는 복합적인 부메뉴를 가지고 있다.

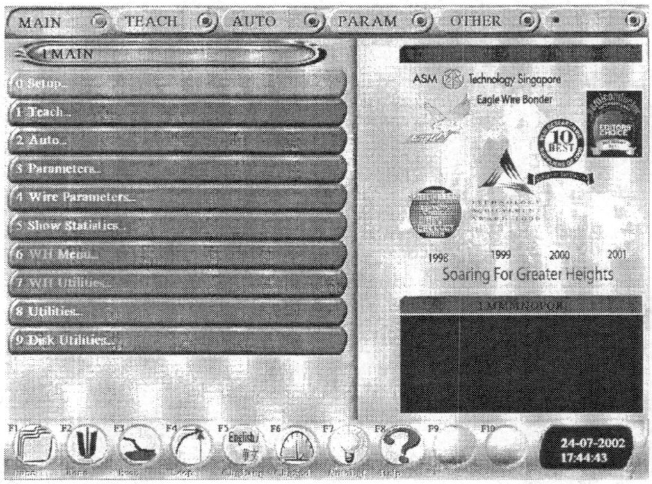

[그림 6-10] 메인 메뉴 화면

(1) 0 설정 메뉴(setup menu)

장비를 사용하기 전에 수행하는 초기 설정 메뉴이다. 장비를 처음으로 켠 후에 사용자는 설정메뉴를 실행해야 한다.

(2) 1 프로그램 메뉴(teach menu)

메뉴는 본딩 프로그램, 이와 관련있는 패턴 인식 시스템과 리드 로케이터를 설정하는 메뉴이다.

(3) 2 자동 본드 메뉴(auto bond menu)

자동 본드 메뉴는 본딩 순서와 관련 있는 기능들을 설정한다. 이 메뉴는 단일이나 다중 와이어용 자동 본딩에 적용할 수 있다.

(4) 3 파라미터 메뉴(parameter menu)

파라미터 메뉴는 본딩 품질의 정확한 설정을 하는데 중요한 파라미터 그룹을 포함한다.

(5) 4 와이어 파라미터 메뉴(wire parameter menu)

와이어 파라미터 메뉴는 각 와이어에 관한 접속 파라미터들을 조정하기 위해 필요한 모든 내용을 갖추며 표시되는 와이어의 파라미터들을 수정할 수 있다.

(6) 5 통계보기 메뉴(show statistics menu)

통계 메뉴는 한 스크린에 편리하게 수집된 본딩에 필요한 전체 데이터를 보여준다. 메뉴는 메인 메뉴에서 바로 들어갈 수 있고 본딩하는 동안 실시간으로 보여준다. 이 메뉴는 본딩 중 발생하는 모든 실행 정보와 에러를 제공한다.

(7) 6 작업 홀더 메뉴(work holder menu)

작업 홀더 메뉴는 모든 작업 홀더와 관계있는 기능, 파라미터, 설정과 관련된 메뉴로 구성되어 있다.

(8) 7 작업 홀더 유틸리티 메뉴(work holder utilities menu)

작업 홀더 유틸리티 메뉴는 엘리베이터들의 상・하 이동, 엘리베이터와 추출기의 홈 위치 및 리드 프레임이 물린 경우 트랙의 개폐와 같은 메인 작업 홀더의 동작들을 사용자가 조정할 수 있도록 해준다.

(9) 8 유틸리티 메뉴(utilities menu)

유틸리티 메뉴는 수동과 CRT(Cathode Ray Tube) 본딩을 수행하며 통계의 제한을 설정할 수 있고 대기 모드로 전환할 수 있으며 입력 일렉트리컬 모듈 전원을 차단할 수 있다.

(10) 9 디스크 유틸리티 메뉴

디스크 유틸리티 메뉴는 사용자에게 데이터 디스크로부터 라이브러리를 제공한다. 사용자가 저장, 읽기, 삭제, 복사를 할 수 있고 본딩 프로그램을 설치할 수 있다.

나. 설정 메뉴

[그림 6-11] 설정 메뉴 스크린

이 메뉴는 초기화 단계에 있는 장비를 시운전하기 위해 사용한다. 사용자는 디바이스, 캐필러리의 교체와 이중 확대 튜브(dual magnification tube)로 만들어진 본딩 헤드에 대한 예방 정비(PM : Preventive Maintenance)를 한 후 이 단계를 수행해야 한다.

(1) [0] 본드 팁 오프셋(bond tip offset)

본드 팁 오프셋(편차)은 카메라 촬영지점과 본딩 위치에 있는 본딩 툴 사이의 실제 거리이다. 장비를 처음 가동(cold start)할 때마다 새로운 캐필러리로 교환, 본드 헤드, XY 테이블 조립과 같은 기계적인 조정을 광학적으로 조정할 필요가 있을 때 사용한다. 본드 팁 오프셋을 수행하는 방법은 3가지가 있다(제3절 실습순서 가. 본드 팁 오프셋 설정법 참조).

(2) [1] 접촉 검색(contact search)

이 기능은 시스템이 디바이스의 기준 접촉레벨을 인식시키는 것이다. 본드 헤드는 다이 표면의 중심으로 내려가서 다이의 높이 레벨을 검색한다. 프로그램이 입력되면 이 레벨이 기준레벨로 설정된다.

(3) [2] 본드 중심(bond center)

본드 중심은 리드 프레임의 리드 아래나 다이 부착 패드 중 두 개의 서로 마주 보는 모서리 사이의 대각선 길이를 말한다. 두번째 본딩 초음파 전력과 힘 보정 계수 계산에 사용되고 파라미터 메뉴에서 설정할 수 있다. 보정계수는 첫번째 본딩형상과 두번째 본딩 형상의 차를 없애고 X 본딩 축의 두번째 본드 모양(second bond sticking)을 개선하는데 사용된다.

(4) [3] 패턴인식 설정(setup PR)

이 기능은 XY 테이블 인코더 해상도에 대한 패턴인식 시스템(PRS : Pattern Recognition System)의 광학적인 해상도를 정하는 것으로 이것은 한번만 실행한다. XY 테이블과 광학 시스템의 변경, 장비의 첫 가동과 광학 초점의 조정을 실행했을 때 반복해서 실행하여야 하고 반드시 고/저 확대도 동시에 실행해야 한다.

[그림 6-12] PR 설정 화면

(5) [4] 중심 확대 오프(zoom off center)

이 기능은 두 개의 렌즈 시스템 사이의 광학적 차이를 제거하는데 사용한다.

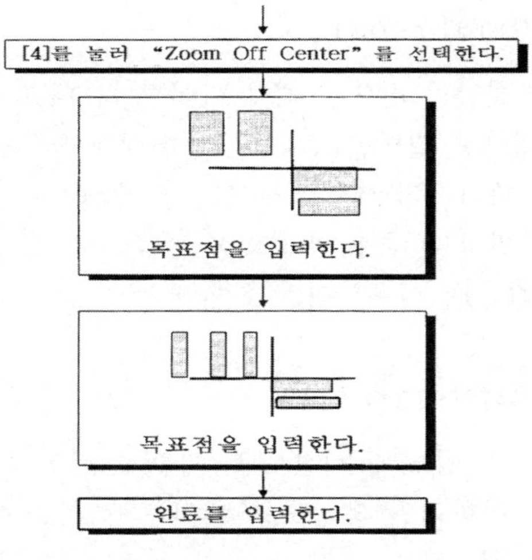

[그림 6-13] 중심확대 오프

(6) [5] 장비 아이디(machine ID)

이것은 사용자가 장비 인식을 위해 프로그램할 수 있는 장비 이름이나 번호이다.

3. 프로그램 메뉴(teach menu)

본딩 다이어그램에 따라 각 다이의 패드 및 리드를 입력할 수 있다. 이 본딩 프로그램은 실시간 본딩에서 잘못 입력된 데이터를 제거하기 위해 다음 절차를 따라야 한다.

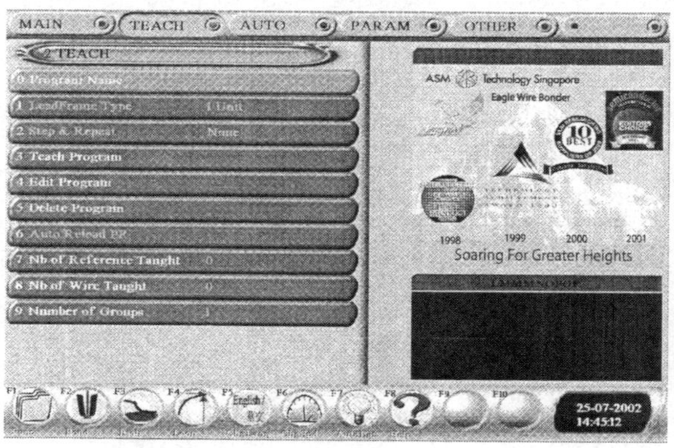

[그림 6-14] 프로그램 메뉴 스크린

가. [0] "program name"

이 메뉴는 프로그램 이름을 설정할 수 있고 최대 24문자까지 입력할 수 있다.

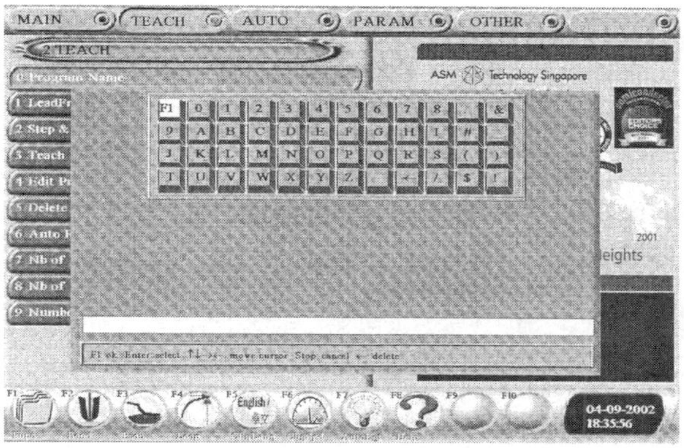

[그림 6-15] 프로그램 이름을 갱신하기 위한 메뉴 화면

나. [1] "leadframe type"

이 메뉴에서는 사용할 리드 프레임 종류를 확인할 수 있다. 사용자가 "1"이나 "2" 어느 하나를 선택할 수 있다. "1"은 본드 당 패턴이 하나인 표준 장치를 의미하고 "2"는 IDF 리드 프레임인 경우에 패턴이 두 개 이상인 리드 프레임이라는 것을 의미한다.

다. [2] "step & repeat"

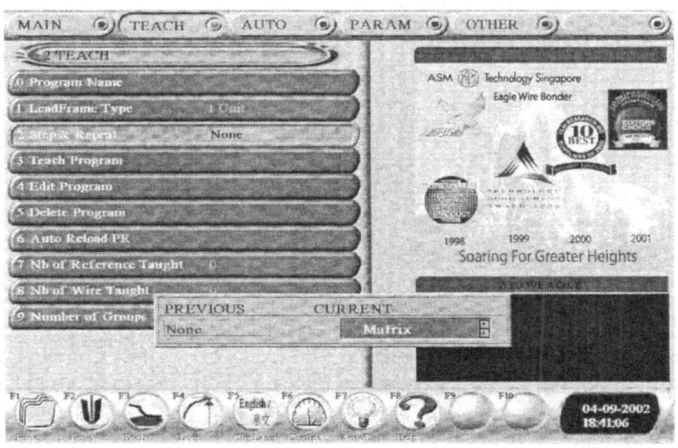

[그림 6-16] 스텝과 반복 메뉴 스크린

(1) 하이브리드 환경설정 프로그래밍

이글의 메모리 용량은 개별적인 용도로 사용할 최적 하이브리드 환경설정에 대처할 수 있도록 설계되었다. 이 기능은 2개의 다이와 점퍼 칩의 그라운드 와이어 본딩을 하며 50개의 다이까지 자유롭게 프로그램할 수 있다.

(2) 본드 프로그래밍 모드 정의

"matrix", "hybrid reverse/forward", "look ahead"와 "hybrid" 및 "matrix"를 조합한 프로그래밍 모드가 있다.

매트릭스 모드에서 본딩 순서는 다음과 같다.

본더가 PR, VLL, 본딩을 하고 다음 서브 유닛을 인덱싱한 다음 위에 설명한 순서대로 모든 유닛에 대해 반복한다. 모든 서브 유닛은 같은 PR 정렬 패턴을 가지고 있으며 일단 사용자가 유닛 1의 PR 정렬 패턴을 수정하면 나머지 서브 유닛으로 복사된다. 이 특정 와이어와 관련있는 와이어 수 #와 파라미터도 서브 유닛에 복사된다.

약 어	의 미
None	"step&repeat" 특징이 없는 표준 프로그램이다.
Matrix	다음 서브 유닛을 본딩하기 전에 PR을 수행한다.
HybRevVer	"hybrid reverse" 모드는 수직인식 시퀀스이다.
HybFwdVer	"hybrid forward" 모드는 수직인식 시퀀스이다.
LookAhead	본드 헤드가 본딩을 하고 있는 동안 다음 유닛에 대한 PR 정렬을 동시에 수행한다.
Hybr_Mat	각 행과 열은 하이브리드 모드로 프로그래밍되고 매트릭스 모드로는 부품의 행과 열이 순차적으로 복사된다. 본딩 순서는 다음과 같다. 본딩을 수행하기 전에 다이의 각 행과 열에 PR 정렬이 이루어지고 이를 반복한다.
HybFwdHor	"hybrid forward" 모드는 수평인식 시퀀스이다.
HybRevHor	"hybrid reverse" 모드는 수평인식 시퀀스이다.

하이브리드 모드에서 본딩 순서는 다음과 같다.

본더가 본딩을 수행하기 전에 모든 서브 유닛에 PR, VLL을 수행한다. 각 서브 유닛은 자기 패턴을 가지고 있다. PR 패턴은 나머지 유닛으로부터 할당받거나 다를 수 있다. 각 서브 유닛은 자신의 와이어 수를 가지고 있으며 이 와이어에는 고유의 본딩 파라미터를 가지고 있고 서브 유닛 사이에서 알 수 있는 와이어 수 #

는 반복되지 않는다.

(3) 적정한 프로그래밍 모드 선택

적정한 본딩 프로그래밍 모드 선택은 본딩하는 디바이스에 달려 있다. 하이브리드모드에서 와이어 본딩은 매트릭스 본딩에 비해 높은 UPH를 얻을 수 있고 매트릭스 모드 본딩은 정확한 본딩 포인트를 얻을 수 있으나 UPH는 낮아진다.

(4) 행과 열의 정의

하이브리드 및 매트릭스 디바이스에서 열은 오른쪽에서 왼쪽으로, 행은 위에서 아래로 계산한다. 첫번째 서브 유닛은 디바이스에서 항상 오른쪽 위의 서브 유닛이다.

(5) 수평 및 수직 인덱스

이것은 서브 유닛 인덱스의 방향을 나타낸다. 서브 유닛 인덱스의 방향이 틀리면 UPH가 낮아진다. 예를 들면 두 개의 열과 다섯 개의 행을 가진 디바이스에 대한 올바른 인덱싱법은 수직 인덱싱이어야 한다.

라. 프로그램 입력

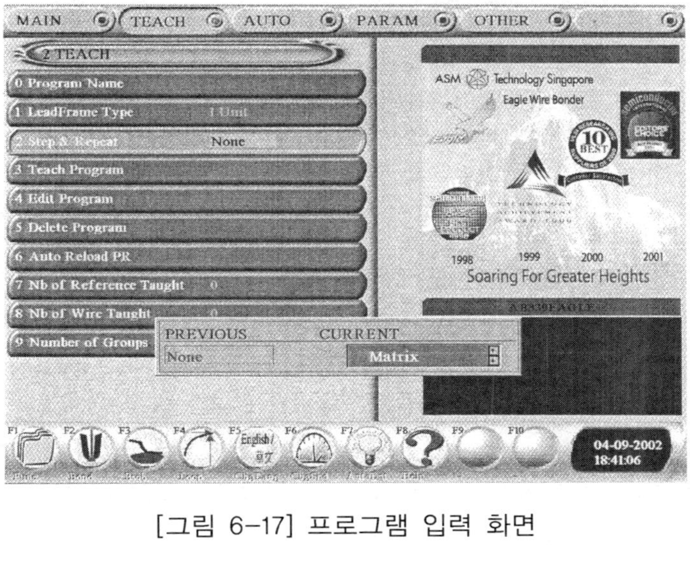

[그림 6-17] 프로그램 입력 화면

(1) 인덱싱 프로그램 PR

이 기능은 인덱싱 에러를 줄이기 위한 것으로 현재 사용하고 있는 PR 시스템의 인덱싱 에러를 수정할 수 있고 특정패턴을 선택할 수 있다.

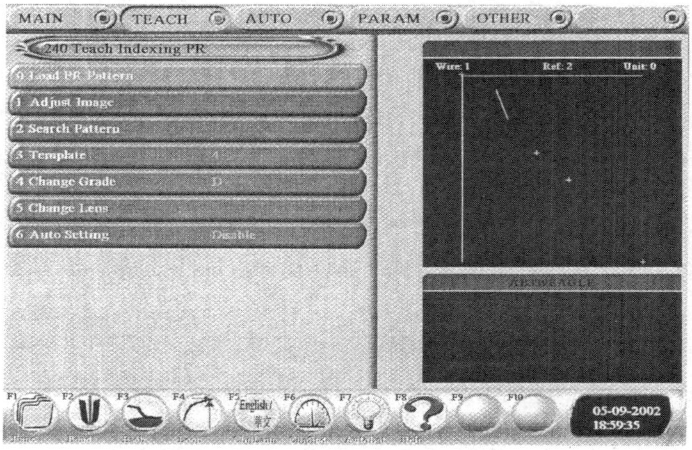

[그림 6-18] 프로그램 인덱싱 PR 화면

(2) 정렬 프로그램

[그림 6-19] 정렬 프로그램 스크린

이 메뉴화면에는 추가 옵션 두 개 즉, 6가지 그레이 레벨과 7가지 자동설정이 있다. <표 6-4>는 사용법이 다른 조합들을 보여주고 있다.

〈표 6-4〉 프로그램 1차 PR 환경설정

그레이 레벨	자동 설정	다 이	리 드
가능	가능	그레이 레벨 패턴과 자동 조명, 임계 레벨 조정, 자동 기준	"BINARY" 패턴과 자동 조명, 임계 조정
가능	불가능	그레이 레벨 패턴과 수동 조명, 임계 레벨 조정	"BINARY" 패턴과 자동 조명, 임계 조정
불가능	가능	"BINARY" 패턴과 자동 조명, 임계 레벨 조정, 자동 기준	"BINARY" 패턴과 자동 조명, 임계 조정
불가능	불가능	"BINARY" 패턴과 수동 조명, 임계 레벨 조정	"BINARY" 패턴과 수동 조명, 임계 조정

(3) 백업 PR 프로그램

백업 PR을 프로그래밍하는 것으로써 다이 표면 밝기가 다를 때 유용하다. 자동 본딩 중에 백업 PR은 1차 PR이 실패했을 때, 사용자가 연속 본딩을 위해 수동으로 기준 포인트에 들어갈 필요가 없으며 불필요한 장비 정지를 줄일 수 있다. 사용자는 자동 본드에서 백업 PR을 실행시키기 위해 플래그 사용을 가능하게 할 필요가 있다.

(4) 특정 PR 검색

이 기능은 [Enter]를 누르면 "Yes"와 "No"를 반복한다. "Yes"를 선택하면 PR된 주변영역의 특정 검색이 프로그램을 수행하여 유사 PR을 찾으면 PR은 실패한다. "No"를 선택하면 특정 PR 검색은 실행하지 않기 때문에 비슷한 PR이 영역 내에 존재할지라도 PR은 실패하지 않는다.

(5) "teach local lead"

미세 피치를 적용하여 본딩을 실패할 수 있다. 프로그램 로컬 리드의 기능은 PR 시스템이 리드 폭과 센터를 인식하는 것이다. 자동 본딩 중 VLL 후에 이 정보를 이용한다.

(6) "multiple search"

다중 검색은 한 화면에 다이 전체를 표시하여 작은 디바이스를 티칭하는 기능이다. 한 화면에 다이 전체가 표시되면 한 번에 두 개의 정렬점을 볼 수 있게 된다. 실제로 이 기능은 정렬 시간을 단축시켜 준다.

(7) "auto teach wire"

자동 프로그램 와이어를 수행한다. 사용자는 첫 번째와 두 번째 그리고 마지막 본드 위치에서 [ENTER]를 누르면 된다. 나머지 위치는 자동으로 계산된다.

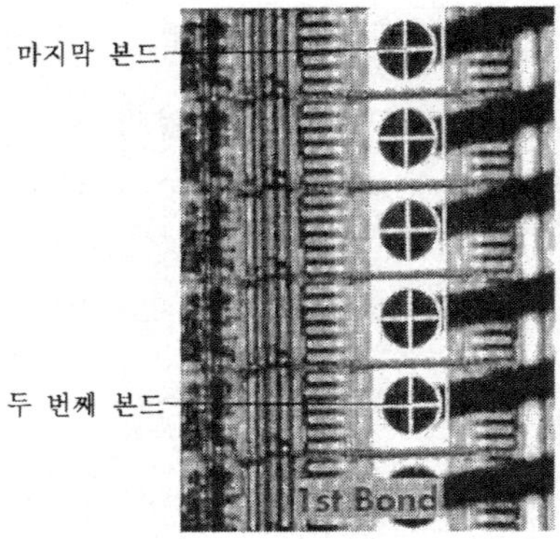

[그림 6-20] 자동 프로그램 와이어

(8) 프로그램 PR 소개

이 장비는 지능 인식 시스템으로 구성되어 있다. 다이 부착을 기준으로 디바이스의 배치 실패와 허용오차 및 리드 프레임의 작은 변화(인덱싱과 핸들링 문제) 등이 시스템에서 관리된다. 이 정보에 의해 모든 본딩 프로그램은 자동으로 갱신된다. 일반 인식 시간은 4점 정렬을 하는 IC 와이어 본딩에서 280ms 걸리는데 이에 필요한 설정은 다음에 나오는 PR 프로그램 정렬 절차에 의해 수행된다.

㉮ "threshold level"

일반적으로 이미지는 256개의 그레이 레벨 등급으로 나누어진다. 임계 값은 이미지를 이분화하므로 바이너리 레벨만 이미지를 나타낼 수 있다. 임계 레벨보다 큰 그레이 레벨은 "1"로 간주되고 임계 레벨보다 낮은 값은 "0"으로 간주된다.

㉯ "load pattern"

정확한 사진이 선택되면 이 이미지는 PR 시스템에 저장된다. 이 기능은 "load pattern" 기능을 통하여 수행된다. 각 개별 포인트에서 PR은 다시 로드된다. 각 포인트에서 로드된 후 표시되는 등급을 받아들이고 화면의 4개 모서리(템플레이트)에서 자동으로 패턴을 탐색한다. 패스하면 다음 정렬 포인트로 이동한다.

㉰ "template size"

모니터는 커서와 4개 모서리로 된 템플레이트라고 하는 사각형 모양의 박스를 표시한다. 템플레이트 안에 보이는 사진은 PR 시스템 메모리에 저장된 사진 중 하나이다. 이 템플레이트의 표준 크기는 64×64픽셀(pixel : 화면을 구성하는 최소 화소)이지만 템플레이트는 다양한 크기로 바꿀 수 있다. 다이와 리드 사진은 템플레이트 크기를 결정한다. 일반적으로 템플레이트 크기는 아주 작은 부품만 변경할 수 있다. 사용자는 특정 템플레이트 크기에 적당한 화면(사진)을 이용할 수 있다.

㉱ "PR search"

이 기능은 인식 시스템이 이미 인식(저장)한 패턴을 찾을 수 있다. PR 검색이 동작하면(숫자 키 [8]) 이 전에 로딩된 작은 커서가 포인트를 찾고 있는 것을 볼 수 있다. 이 때, 이미지를 발견하지 못하면 "PR search fail"이라는 메시지를 표시하는데 이 메시지가 표시되면 사용자는 다시 로딩을 해야 한다.

㉲ "previous & next point"

이 기능은 사용자가 이 전에 로딩된 정렬 포인트로 이동하거나 다음에 로딩될 포인트로 이동할 수 있다. 숫자 키에 의한 직접 제어는 포인트를 통해 빠르고 편리하게 앞 · 뒤로 이동할 수 있다. 이 두 경우에는 밝게 되지 않지만 밝게 되는 바는 그 위치에 남게 된다.

㉳ "coaxial light level"

이 장비에 사용되는 조명은 동축광과 측광 시스템으로 분리된다. 두 조명은 개별적으로 255레벨로 프로그램 되어 있다. 동축광은 카메라와 같은 렌즈 시스템을 통하여 보는 것과 같은 방법으로 설치되어 있고 디바이스 이미지에 스포트라이트를 비춘다. 동축광은 두 이미지가 같은 광도를 사용하지 않더라도 리드 프레임의 리드 및 다이에 선명한 이미지를 제공하기 위해 사용된다.

㉴ "side light level"

측광은 동축광으로 얻은 이미지를 더욱 적절하게 조정하기 위해 사용한다. 측광은 선명한 이미지를 얻기 위한 가장 좋은 조명이기도 하다. 하나의 리드 프레임 타입을 다른 타입으로 바꿀 수 있으며 다른 타입의 리드 프레임을 사용할 수 있다. 사용자는 설정 응용에 필요한 조명을 실험해 볼 수 있다.

(9) "ground wire auto center"

이 기능은 BGA와 같은 다층 구조에 적용할 수 있도록 설계되었다. 이 기능에서 그라운드 중심은 자동으로 계산된다.

마. 프로그램 수정

이 메뉴는 이미 장비에 저장된 프로그램을 편집하거나 수정하는데 사용한다.

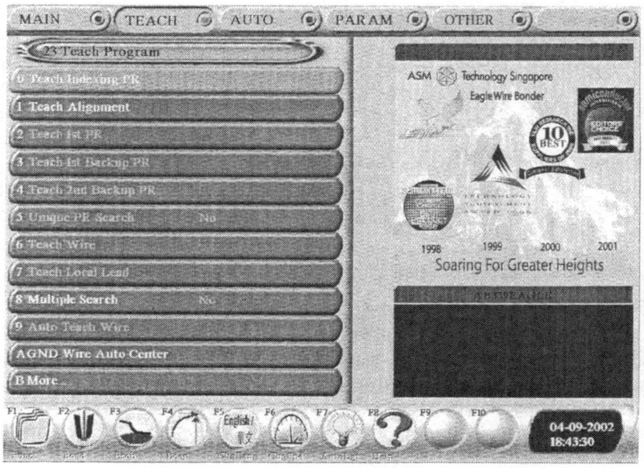

[그림 6-21] 수정 프로그램 화면

(1) "teach indexing PR"

이미 티칭된 인덱싱 PR을 편집한다.

(2) "teach alignment"

현재 장비에 프로그래밍된 정렬을 편집한다.

(3) "teach 1st PR"

이미 프로그래밍된 PR을 편집한다(예 : 초기 프로그래밍된 PR 프로그램이 부적절하거나 새로운 PR 패턴을 원할 때 PR을 다시 프로그래밍할 수 있다). 이 기능에는 두가지 추가 옵션이 있는데 6가지 그레이 레벨 PR과 7가지 오토 설정이 있다. 다음 <표 6-5>에 사용법이 다른 조합들을 보여주고 있다.

〈표 6-5〉 1차 PR 환경설정 편집

그레이 레벨	자동 설정	다 이	리 드
가능	가능	그레이 레벨 패턴과 자동 조명, 임계 레벨 조정, 자동 기준	"BINARY" 패턴과 자동 조명, 임계 조정
가능	불가능	그레이 레벨 패턴과 수동 조명, 임계 레벨 조정	"BINARY" 패턴과 자동 조명, 임계 조정
불가능	가능	"BINARY" 패턴과 자동 조명, 임계 레벨 조정, 자동 기준	"BINARY" 패턴과 자동 조명, 임계 조정
불가능	불가능	"BINARY" 패턴과 수동 조명, 임계 레벨 조정	"BINARY" 패턴과 수동 조명, 임계 조정

(4) "teach backup PR"

이 메뉴에서는 백업된 PR을 편집한다(예 : 백업 PR이 프로그램되어 있지 않거나 백업 PR을 편집하고 싶을 때).

(5) "teach wire"

이 메뉴는 이미 프로그래밍된 와이어를 편집할 수 있고 더 많은 와이어를 프로그래밍할 수 있다.

(6) "teach local lead"

미세 피치를 적용할 때 본딩 위치 실패를 불러올 수 있다. 프로그램 로컬 리드의 기능은 PR 시스템이 리드의 폭과 중심을 인식하는 것이다. 이 정보는 본딩 중에 VLL(Visual Lead Locator) 뒤에 사용된다.

(7) "multiple search"

한 화면에 다이 전체가 비춰지는 작은 디바이스를 프로그램하는 메뉴이다. 한 화면에 다이 전체가 보인다면 한 번에 두 개의 정렬 포인트를 보는 것이다. 이 기능은 실제로 정렬 시간을 단축시킨다.

바. "delete program"

이 메뉴는 메모리에 저장된 프로그램을 종료하거나 삭제할 때 사용한다.

(1) “auto PR reload”

PR CPU에 프로그래밍된 PR을 다시 읽어 들인다.

(2) 프로그래밍된 레퍼런스 수

프로그램에서 프로그래밍된 레퍼런스 포인트 쌍에 대한 수를 나타낸다. 일반적인 디바이스일 때는 2쌍이다. 한 쌍의 레퍼런스 포인트는 다이이고 다른 한 쌍은 리드이다. 하이브리드 디바이스일 경우(즉 두 개 이상의 다이가 있는 경우) 레퍼런스 수는 접착된 다이 수와 리드 한 쌍이 된다.

(3) 프로그래밍된 와이어 수

이 프로그램에서 프로그래밍된 와이어 수를 나타낸다(예 : QFP20에 대한 프로그램으로 208 와이어를 프로그래밍했다면 208을 보여준다).

4. 자동 본드 메뉴

이 메뉴에서는 본딩 순서에 관계된 연속기능을 모두 포함한다. 맨 위 항목은 직접 자동 본딩을 실행하는 반면에 두번째 항목은 한 번에 한 개의 와이어만 본딩한다. 이 메뉴는 장비 가동절차를 훨씬 빨리 할 수 있으며 운용을 보다 편리하게 할 수 있다.

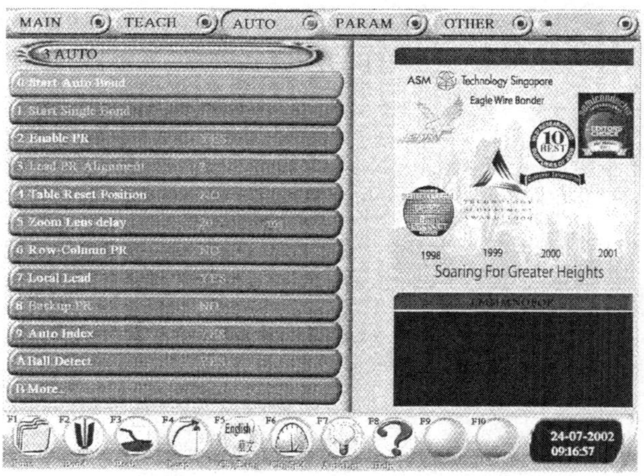

[그림 6-22] 자동 본드 메뉴화면

가. "start auto bond"

자동 본드에서 어떤 에러도 발생하지 않고 자동 본드에 대한 모든 파라미터들이 적절히 설정되어 있을 때 매거진의 모든 유닛이 지속적으로 본딩된다.

나. "start single bond"

단일 와이어 본드 사이클에서 사용자가 [1]을 누르면 한 개의 와이어만 본딩된다. 단일 와이어 본드에서 [0]을 누르면 자동 본드 메뉴로 전환할 수 있다.

다. "enable PR"

이 기능은 PR 동작 여부를 결정하며 PR 기능이 “disable”이라면 수동으로 정렬 포인트를 잡아야 한다.

라. "lead PR alignment"

리드 PR 시스템에서 정렬 수를 선택한다.

마. "table reset position"

리드 프레임을 인덱싱 하기 전에 캐필러리가 지정된 곳에 미리 위치하도록 해주는 메뉴이다. 이 기능은 윈도우 클램프가 열리는 순간에 캐필러리가 부딪히는 것을 방지하는데 사용하고 1차 본드 포인트 근처에 위치하도록 하여 본드 헤드가 1차 본드 포인트로 이동하는 시간을 줄여준다.

바. "zoom lens delay"

VLL(저 배율)을 사용할 때 줌렌즈를 안정시키기 위해 주어지는 시간이다.

사. "row-column PR"

이 메뉴는 매트릭스 모드에서만 적용할 수 있다. 사용자는 리드 및 다이에 대해서 PR 동작 여부를 결정할 수 있다.

아. "local lead"

이 메뉴는 사용자가 사용 여부("enable", "disable")를 결정할 수 있고 리드의 중심을 배치한다.

자. "backup PR"

표시가 "No"에서 "Yes"로 바뀌면 추가 페이지가 화면에 나타난다(<표 6-6> 참조). 이 페이지에서 사용자는 각 기준에 대한 PR 번호와 타입을 알 수 있다("binary"나 "gray").

〈표 6-6〉 PR 요약표

다이	PR	Pt1	Pt2
0	1	binary	binary
	2	binary	binary
	3	No pat	No pat
	4	No pPat	No pat
1	1	binary	binary
	2	No pat	No pat
	3	binary	binary
	4	No pat	No pat

차. "auto index"

이 메뉴는 한 유닛의 본딩을 끝낸 후 자동으로 다음 유닛을 인덱스하는 기능이다. 자동 인덱스 기능은 작업홀더가 바르게 설정되었을 때 사용할 수 있다.

카. "ball detect"

EFO 시스템은 볼 감지 시스템을 가지고 있다. 감지기는 프리 에어 볼이 캐필러리 팁에 감지되지 않으면 본딩 순서를 중단한다.

타. "stick detect 1st/2nd bond"

이 장비는 1차와 2차 본드에서 스틱이 없는 것을 감지하는 센서 시스템이 있다.

(1) "heater alarm"

장비는 동작 온도범위를 설정할 수 있다. 온도조절 감지기는 작동온도를 벗어난 온도를 점검하고 벗어나면 본딩을 수행하지 않는다.

(2) "PR table retry"

1차 PR 검색이 실패한 경우 이 기능은 시스템을 다른 위치로 이동해서 다시 PR한다.

(3) "VLL retry"

이 기능이 동작한다면 장비가 VLL을 실패한 후에 다시 로컬 리드기능을 수행한다.

(4) "enable PR index"

"Yes"일 때는 패턴을 인식하고 리드 프레임의 위치가 타이 바 허용오차 범위를 벗어났다면 이 범위 안에 들어오도록 자동으로 조정한다.

(5) "tie bar tol(0.1mil)"

이 기능은 인덱싱 후에 기판 위치를 이동시킨다.

제3절 실습순서

1. 설정메뉴 실습순서

가. 본드 팁 오프셋 설정법

(1) 방법 1

예방정비(PM)나 장비의 초기화 설정이 끝난 다음 실행한다(예를 들면 : 기계부 조정).

가) 본딩 헤드 마운트 안으로 광학 튜브 부품을 끼운다.
나) "setup" 메뉴에서 [0]을 눌러 설정 메뉴를 선택한다.
다) "setup" 메뉴에서 [0]을 눌러 본드 팁 오프셋을 선택한다.
라) "setup" 메뉴에서 [1]을 눌러 오프셋 값을 입력한다. X오프셋값 입력을 위해 [Enter]를 누른다. 값은 60000±100이어야 한다. Y오프셋값 입력을 위해 [Enter]를 누른다. 값은 0±100이어야 한다.
마) 노출된 리드 프레임 표면에 캐필러리의 전사 마크가 찍히도록 [Enter]를 누른다.
바) 필요하다면 광학 튜브 어셈블리의 4개 나사를 조정한다.
사) 캐필러리 마크의 중앙에 커서를 정열하고(가능한 한 정확하게) [Enter]를 눌러 "본드 팁 오프셋"을 업데이트한다.
아) 토크 렌치를 12kgf-cm로 설정하여 광학 어셈블리에 있는 나사를 돌려 다시 끼운다.
자) 다시 본드 팁 오프셋 모드로 돌아간다.
차) 트랙볼을 움직여서 다이 본드 패드의 맨 위에 캐필러리 팁을 놓는다. 현미경을 사용하여 그 동작을 지켜본다.

(주의 : 캐필러리 팁이 재료 표면에 접촉하고 있을 때 캐필러리 팁에 미세한 금이 갈 수 있으니 트랙볼을 움직이지 않도록 한다.)

카) 캐필러리 팁을 적절한 장소에 놓기 위하여 상/하 화살표를 천천히 누른다.

타) 캐필러리 팁이 본딩 패드에 가까워질 때까지 본딩 헤드가 내려가도록 아래쪽 화살표를 누른다.
파) 다이 표면 위에 캐필러리 팁 마크가 찍히도록 [Enter]를 누른다.
하) 트랙볼을 사용하여 캐필러리 마크의 중앙에 커서를 맞춰 본딩 위치를 잡는다.
거) 새로운 본드 팁 오프셋을 인식시키기 위해 [Enter]를 누른다.

(2) 방법 2

장비가 이미 제작모드일 때 이미 설치되고 대량생산 중일 때 사용한다.

가) "setup" 메뉴에서 [0]을 눌러 설정 메뉴로 들어간다.
나) "setup" 메뉴에서 [0]을 눌러 본드 팁 오프셋을 선택한다.
다) 방법 1의 실행절차 (가)~(거)를 실행한다.

(3) 방법 3

장비가 자동 본딩 모드에 있을 때 사용한다.

가) 자동 본딩 중 사용자가 변형된 볼(중앙이 아닌)을 발견했다면, 본드 패드 중심이 틀어졌다는 것을 의미한다. 사용자는 자동 본드 메뉴에서 [6]을 눌러 다음 와이어에 대한 본드 패드에 단일 본딩을 할 수 있다.
나) 변형된 볼의 중앙에 커서를 정렬하기 위해 트랙볼을 이동한다.
다) 새로운 본드 팁 오프셋을 인식시키기 위해 [Enter]를 누른다.

나. 접촉검색 실습순서

가) "setup" 메뉴에서 [1]을 눌러 "contact search"를 선택한다.
나) PRS 모니터를 보면서 트랙볼을 사용하여 커서를 다이 표면으로 이동한다.
다) 접촉검색을 위해 "setup" 메뉴에서 [1]을 누른다.
라) PRS 모니터를 보면서 트랙볼을 사용하여 커서를 리드로 이동시킨다. 리드 접촉검색을 위해 "setup" 메뉴에서 [2]를 누른다.
마) [Stop]을 눌러 종료한다.

다. 본드 중심 실습순서

가) "setup" 메뉴에서 [2]를 눌러 "bond center"를 선택한다.
나) 왼쪽 위 코너에서 [Enter]를 누른다. 트랙볼을 이용하여 리드나 다이 패드 왼쪽 위 코너로 커서를 이동하고 [Enter]를 누른다.
다) 오른쪽 아래 코너에서 [Enter]를 누른다. 트랙볼을 이용하여 리드나 다이 패드 오른쪽 아래 코너로 커서를 이동하고 [Enter]를 누른다.

(주의 : 리드 코너를 정의하기 쉬우면 리드를 사용하지만 IDF 리드 프레임과 같이 리드 코너가 정의하기 어렵다면 접착된 다이 패드를 사용하라.)

라. 패턴 인식 실습순서

가) "setup" 메뉴에서 [3]을 눌러 "setup PR"을 선택한다.
나) "setup" 메뉴에서 [0]을 눌러 "adjust image"를 선택한다.
다) 자동 설정 선택
라) PR의 자동 설정을 위해 [Enter]를 누른다. 광학 시스템을 조절할 수 없다면 비전 모니터가 보여주는 다이나 리드 영상으로 커서를 이동한다.
마) 장비는 "auto lightin", "referrence", "threshold"를 실행한다.
바) 자동 설정이 성공하면 PR 조정을 안 해도 된다.
사) 자동 설정이 실패하면 아무 키나 눌러 계속한다. 새롭고 밝은 영상 패턴을 설정해야 한다.
아) 수동 조정을 끝내기 위해 [Stop]을 누른다.
자) 상하 화살표 키를 사용하여 불빛을 조정한다.
차) "setup" 메뉴에서 [2]를 누르면 동축광, [3]을 누르면 측광을 조절할 수 있으며 [Enter]를 누르면 조정을 끝낸다.
카) 설정이 성공하면 PR 조정이 본더 모니터 상에 나타나고 실패하면 10번 항을 반복하라.
타) 템플레이트용(for template)

① "Setup" 메뉴에서 [1]을 눌러 템플레이트를 선택한다.
② 원하는 템플레이트 크기를 1~10 중에서 선택하고 [Enter]를 누른다.

파) 렌즈용(for lens)

① "setup" 메뉴에서 [3]을 눌러 렌즈를 선택한다.

② 고/저 확대 렌즈를 선택하고 [Enter]를 누른다. 다이에는 고배율을, 리드에는 저배율을 사용한다.

하) 어헤드 방식 PR용(for PR look ahead)

① "setup" 메뉴에서 [5]를 눌러 광학과 본드 헤드축의 오프셋 조정에 필요한 유닛 수를 입력한다.

② 이 유닛 수를 참조하면서 한 유닛을 본딩할 때 Y방향에서 위치를 예측할 수 있다.

(주의 : PR 조정이 성공하지 못하면 본딩의 정확성에 영향을 줄 것이고 본드 헤드 시스템의 기계조립이 느슨한 것일 수도 있다.)

마. 중심확대 오프 실습순서

(1) 경우 1

저/고 확대의 어떤 위치에서도 선명하지 않는 경우

가) 먼저 본드 팁 오프셋을 실행한다.

나) 접촉 검색을 실행하고 리드 위에 캐필러리 팁 마크를 찍는다.

다) 트랙 볼을 움직이지 말고 [Stop] 키를 누른다.

라) [4]를 눌러 "zoom off center"로 간다.

마) 표준("NORM") 확대가 접촉 검색에서 사용하는 확대이기 때문에 커서 위치에서 아무런 조정을 하지 않고 [Enter]를 누른다.

바) 저 확대에서 캐필러리 마크 중심에 목표 커서를 맞추고 [Enter]를 누른다.

(2) 경우 2

저/고 확대가 물체의 초점을 잘 잡았을 때 다이와 리드의 높이·거리가 너무 가까우면 목표의 초점을 잘 잡을 수 있도록 할 수 있다.

2. 프로그램 메뉴(teach menu) 실습순서

가. 프로그램 실습순서

(1) "TEACH" 메뉴에서 [5]를 선택하여 이전 프로그램을 삭제한다.
(2) [0] "program name" 메뉴로 이동하고 [Enter]를 누른다.
(3) "DEL" 키를 누르면 이전 프로그램 이름을 지울 수 있다.
(4) 상하좌우 화살표 키를 이용해 문자를 선택하여 입력하고 [Enter]를 누른다.
(5) 프로그램 입력이 끝나면 [F1] 키를 누른다.

나. 인덱싱 PR 실습순서

(1) "TEACH" 메뉴에서 [0]을 누르고 프로그램 인덱싱 PR을 시작한다.
(2) 모니터를 참고하면서 리드 포인트(Pt 1 리드)로 본드 헤드를 이동시킨 다음 [Enter]를 두 번 누른다.
(3) 장비가 자동저장하면 [Enter]를 누른다.
(4) 모니터를 참고하면서 이전 리드 프레임의 대각선 반대방향에 있는 리드 프레임(Pt 2 리드)으로 본드 헤드를 이동시킨다.
(5) 장비가 조명을 자동으로 켜면 [Enter]를 누른다.
(6) 정렬 포인트의 쌍 수를 1~50 사이의 값에서 골라 입력하고 [Enter]를 누른다.
(7) 정렬을 한다.
  가) 모니터를 참고하면서 커서를 리드 프레임의 우측아래 코너로 이동시키고 [Enter]를 누른다.
  나) 본드 헤드를 반대편 리드로 이동시키고 커서를 이전 리드 프레임과 같은 위치에 맞추고 [Enter]를 누른다.
  다) 본드 헤드를 처음의 다이로 이동시켜 커서를 다이 중심에 맞춘 다음 [Enter]를 누른다.
  라) 본드 헤드를 반대편 다이로 이동시키고 커서를 이전 다이와 같이 중심에 맞추고 [Enter]를 누른다.

(8) 1차 PR을 한다.
  가) [7]을 눌러 자동 설정으로 들어간다.
  나) [0]을 눌러 PR 패턴을 로딩한다.
  다) 본드헤드를 리드로 이동시키고 [Enter]를 누른다. 장비는 자동저장이 가

능한 상태이므로 [Enter]를 눌러 실행한다.

라) 반대편 리드에서 (다)항을 실행한다.

마) 특정 패턴을 찾아 커서를 다이 위 옆으로(가능한 한 칩을 벗어난 다이 옆이 아니고) 이동시키고 [Enter]를 누른다.

바) 다이 영역 내로 가서 프레임을 따라 트랙 볼을 이동시켜 프레임에 다이 영역을 이동시킨다.

사) 장비는 자동저장하고 [Enter]를 누른다.

아) 반대측 다이에서 마)와 바)항을 반복한다.

자) [A]를 눌러 자동 와이어 프로그램을 시작한다.

다. 매트릭스/하이브리드 디바이스 프로그램 실습순서

(1) 메인 메뉴에서 [1]을 누른다. 우측 위 서브 유닛에서 표준 본드 프로그램을 입력하고(1차 PR 및 백업 PR 포함) 서브 유닛의 모든 와이어 위치를 프로그래밍 한다.

(주의 : 첫 번째 서브 유닛, 즉 우측 위 서브 유닛이라는 것을 명심하고 이것을 기본 프로그램으로 저장할 것을 권장한다.)

(2) 프로그램 메뉴에서 [2]의 "step & repeat"를 선택한다. 여기서 "matrix", "hybrid reverse", "hybrid forward" 중에서 사용자가 원하는 옵션으로 변경하고 행과 열 수를 입력한다.

(주의 : 하이브리드 프로그래밍 모드에서 소프트웨어는 전체 기준과 전체 와이어가 이미 한계에 이르렀는지 점검할 것이다.)

(3) 행과 열 위치를 프로그램 시스템이 요구하는 모든 행과 열 위치에서 [Enter]를 누른다. 사용자는 화면에 나타나는 지시사항을 따른다.

(주의 : 행과 열 위치를 프로그래밍하는 동안 프로그램을 취소하거나 중단할 수 있다.)

가) 우측 위 서브 유닛의 정렬 위치에서 [Enter]를 누른다. 본더는 이미 프로그래밍 된 첫 번째 수동 정렬 위치로 이동하기 때문에 사용자는 이 위치에서 미세 조정을 하고 [Enter]를 누르거나 사용자가 원하는 위치를 선택할 수 있다. 사용자는 다른 서브 유닛에서 이것과 같은 위치를 쉽게 찾을 수 있다.

비전 모니터 스크린	본더 모니터 스크린
우측 위 유닛에 리드 정렬 포인트를 잡고 [ENTER]를 누른다.	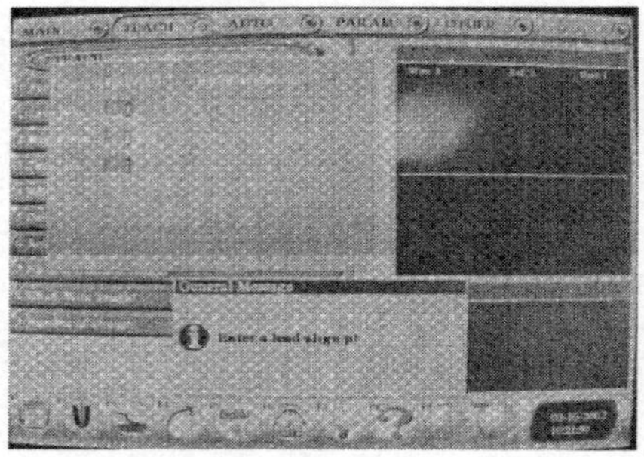

[그림 6-23] 1차 정렬 포인트 설정 화면

나) 첫 번째 행 두 번째 유닛 위에 같은 정렬 포인트에서 [Enter]를 누른다.

비전 모니터 스크린	본더 모니터 스크린
체스맨을 첫 번째 행의 두 번째 유닛에 이동하고 [ENTER]를 누른다.	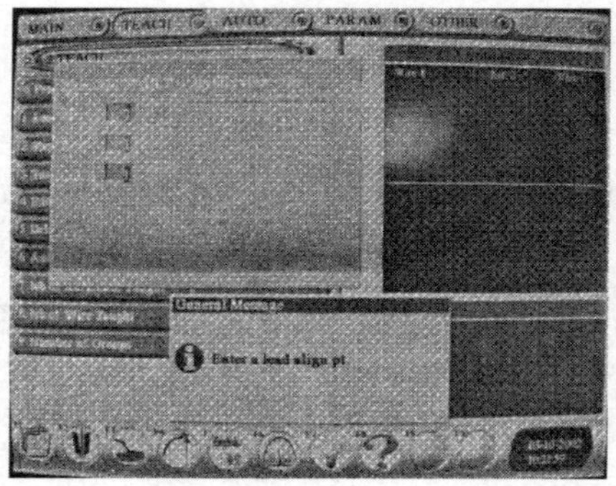

[그림 6-24] 2차 정렬 포인트 설정 화면

같은 행의 두번째 서브 유닛으로 체스맨을 이동하고 같은 정렬 포인트에서 [Enter]를 누른다. 사용자가 입력한 열의 수가 두 개 이상이 아니면 이 스텝은 무시되고 다음 단계로 이동한다.

다) 가장 좌측 위 유닛 상에 정렬 포인트를 잡고 [Enter]를 누른다. 두 번째 포인트에서 [Enter]를 누른 후, 본더는 자동으로 가장 좌측 위 유닛 상에 이전과 거의 같은 정렬 포인트로 이동하고 미세조정을 수행한 다음 [Enter]를 누른다. 두 열만 있다면 체스맨을 이용해서 정확히 가장 좌측 유닛의 같은 포인트로 이동하고 [Enter]를 누른다. 열이 하나라면 이 스텝은 무시되고 다음 단계로 이동한다.

비전 모니터 스크린

가장 좌측 유닛 위에서 위치를 미세 조정한다.
같은 정렬 포인트에서 [Enter]를 누른다.

본더 모니터 스크린

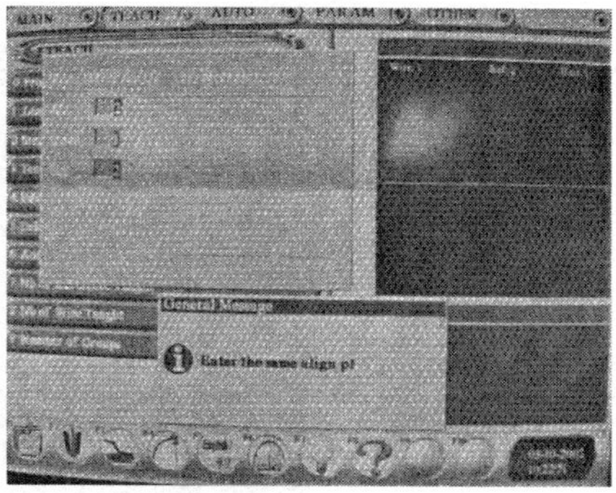

[그림 6-25] 3차 정렬 포인트 설정 화면

라) 첫 번째 열의 두 번째 유닛 위에 앞에서와 같은 정렬 포인트에서 [Enter]를 누른다. 왼쪽 끝에서 [Enter]를 누르면 본더가 자동으로 첫 번째 유닛으로 이동한다(예를 들면 우측 위 서브 유닛). 사용자는 체스맨을 두 번째 서브 유닛 정렬 위치로 이동시킨다. 이 스텝은 두 번째 열 위치 티칭과 비슷하다.

(주의 : 사용자는 체스맨을 첫 번째 서브 유닛으로 이동시키기 전에 본더 위치를 첫 번째 열의 두 번째 유닛으로 이동시킨다.)

마) 우측 맨 끝 아래 유닛의 같은 정렬 포인트에서 [Enter]를 누른다. 이 스텝은 가장 좌측 열 위치를 프로그램하는 것과 비슷하다.

비전 모니터 스크린

체스맨을 우측 끝 아래 유닛에 이전과 같은 정렬 포인트로 이동하고 [Enter]를 누른다.

본더 모니터 스크린

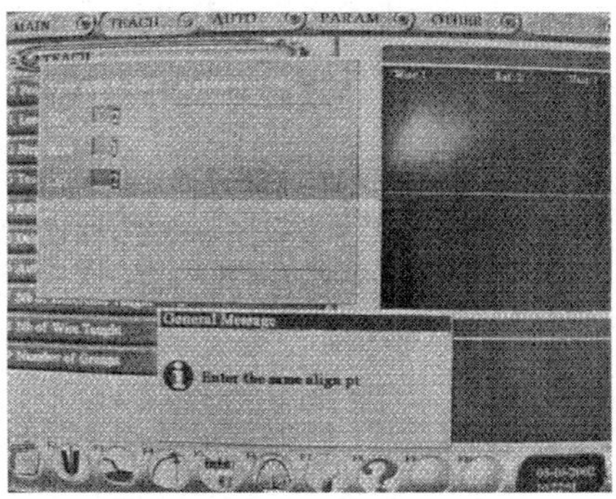

[그림 6-26] 우측 맨 끝 아래 유닛의 설정 화면

(4) PR과 본딩 순서의 조정 및 확인

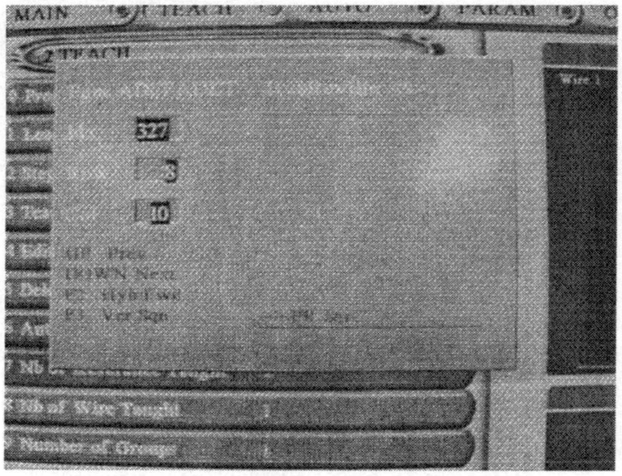

[그림 6-27] PR과 본딩 순서

다음은 “Hybrid Reverse/Forward” 프로그래밍 모드에서 동작하는 키이다.

가) F2 : 리버스와 포워드 모드 사이를 전환한다.

이 기능키는 사용자가 하이브리드 리버스 모드와 하이브리드 포워드 모드 사이를 전환할 수 있도록 해준다. 화면에 보여주는 그래픽 애니메이션 스크린은 시용자가 본딩 프로그래밍 모드를 선택하는데 도움을 준다.

나) F3 : 수평 및 수직 인덱싱 시퀀스를 전환한다.

이 키는 사용자가 인덱싱 시퀀스를 전환하면서 선택할 수 있다. 위의 이미지에서 나타나는 화살표는 서브 유닛 인덱싱 시퀀스가 수평 시퀀스로 선택되었다는 것을 보여준다. 사용자가 이 프로그램을 만족하면 [Stop]키를 누르고 이 절차를 마친다.

(주의 : [그림 6-27]에 보인 이미지, 그레이 팝업 메뉴 좌측 위의 하이브리드 리버스 수평(“HybRevHor<9>”)은 프로그램이 하이브리드 리버스 모드이고 인덱싱 시퀀스는 수평이라는 뜻이다. 숫자 “9”는 사용자가 다양한 프로그램 모드에서 어떤 점이 다른지 볼 수 있다는 뜻이므로 숫자가 <9>로 바뀌었다는 것은 기능키를 전환하여 명령을 정확히 수행시킬 수 있다)

(5) 로드 VLL, “step&repeat”를 마친 후 모든 와이퍼에 대해서 VLL을 재로딩해야 한다. 이 스텝은 하이브리드 모드에서 VLL을 사용할 때 필요하다.

(주의 : 하이브리드 모드에서 VLL 기능이 있으면 VLL을 로딩한다. VLL 로딩 후 프로그램 메뉴 페이지에서 “auto teach wire”를 수행해야 한다)

(6) 순서 (5)를 진행하는 중이거나 이전에 프로그램을 취소하고 싶다면 [Stop] 키를 누르고 중단한다. 그러나 티칭을 끝내고 프로그램을 저장했다면 프로그램을 삭제하고 베이스 프로그램을 다시 프로그램하거나 베이스 프로그램을 재로딩한다.

(7) 시스템 소프트웨어의 제한과 허용오차 점검

총 다이 수	50(리드와 다이 포함)
총 와이어 수	3000 와이어
총 행 수	50
총 열 수	50
총 서브 유닛 수	2500
중복 제한	1000 모터 스텝
병렬 허용오차	1000 모터 스텝
행렬 간격	5000 모터 스텝

시스템 소프트웨어는 행렬 위치를 프로그래밍하는 동안 항상 위의 제한 값과 정렬 허용오차 및 중복 허용오차를 점검한다.

라. 실습보고서를 작성

마. 정리정돈

제 7 장

LED 몰드 공정

실습 과제명	**LED 자동 몰드 시스템(auto mold system)**			
목 표	① 자동 몰드 시스템을 조작할 수 있다. ② 자동 몰드 시스템 장비사용법을 익혀 LED를 제조할 수 있다.			
장비 및 공구	소요재료	규격	수량	안전 및 유의사항
- Auto Mold System - 육각렌치 - 고무망치 - 회로시험기 - 기본공구 - 현미경	- 확산제 - 경화제 - 이형제 - mold cup - lead Frame - 방열장갑 - 핑거코트 - 앞치마	cc cc cc 개 개 개 개 개	1,000 1,000 300 256 256 1 1 1	① 장비 사용시, 무리한 힘을 가하여 계측기가 파손되지 않도록 한다. ② 장비사용법을 정확히 이해하고 사용하도록 한다. ③ 몰드지그는 고온이므로 작업중 반드시 장갑을 착용한다. ④ 에폭시 수지가 피부에 닿지 않도록 주의한다. ⑤ 작동중인 장비의 급정지를 금한다. ⑥ 이형제 및 에폭시 등 화학약품은 인화성이 강하므로 화기사용을 금한다.

제1절 관계 지식

1. 개 요

본 설비는 LED를 생산하는 설비로서 epoxy mold cap에 epoxy를 자동으로 dispensing하여 incap, cure, decap 공정을 in-line으로 구성하여 균일 제품을 생산한다.

또한 오븐 pallet 배출부, 제품 취출부, 이형제 스프레이부, 주형액 주입부, frame insert, 오븐 heater control, main control, 제품압착과 오븐 투입부로 나누어져 있고 각 blook별로 자체 OP 패널과 기구부로 구성되어 있다.

각 unit는 main box와 각자의 OP box로 각각의 개별 동작이 가능하다.

2. 주요 제원

① 입력 전원 : AC 220V, 단상, 60㎐
② 공압원 : 5㎏/㎠, air
③ 제어 : PLC - mitsubishi A1SH
④ 크기 : 1650L×850W×1480H

3. 장비 설치 방법

① 장비를 배치한 후 장비 하단에 있는 고정용 스토퍼(4개소)를 조정하여 수평 상태를 유지한 후 스토퍼 유닛을 고정한다.
② 메인 에어를 연결한다.
에어 호스 규격 : 내경 φ6, 외경 φ8
③ 메인 전원을 연결한다.
가) 전선규격 : 2㎟/3P - 녹색은 접지로 연결한다.
나) 전원을 켠 후 메인 모터 회전방향을 확인한다.
- start 스위치를 짧게 3회 눌러 회전방향을 확인한다.
다) 회전이 반대일 경우 모터 전원의 U상과 W상을 서로 바꿔준다.

4. 동작 설명서

① LED 자동 몰드 시스템(이하 DATM-M200)은 LED 램프를 만드는 장비로서 일정량의 에폭시를 몰드 컵에 주입한 다음, 리드 프레임(이하 L/F)을 삽입하고 오븐에 통과시켜 경화시킨 후 몰드 컵과 L/F를 분리하는 과정을 자동화한 장비이다.
② 장비를 동작하기 전에 각 실린더 L/S의 동작유무와 초기화되어 있는지 확인한 후 동작시킨다.
③ 장비에 문제가 발생하면 에러 부저가 울리며 이상이 있는 스테이션에 위치한 타워 램프가 점등된다. 에러 대처방법은 동작설명을 참조한다.
④ 각 스테이션에 있는 지그 홀더 위치 핀의 위치를 조절하여 랙이 제대로 배치

되어 올바르게 운용될 수 있도록 조정해 주고 실린더 속도는 속도 제어기로 속도를 제어한다. 또한 피스톤 봉실린더에 부착되어 있는 충격 흡수기를 조절하여 진동을 맞추어준다.

⑤ 각 실린더 및 장비의 Start/Stop과 같은 제어는 문에 있는 버튼으로 가능하다.

⑥ 몰드 컵 지그의 개수는 260 ±2개다(각 구간별 스테이션에 있는 몰드 컵 지그 포함).

⑦ 장비를 장시간 동작시키지 않지만 전원이 켜져 있을 때 오븐 문을 열어 놓아야 한다(몰드 컵이 열에 의해 녹는 경우도 있다).

제2절 장비사용법

1. 액체주입 장치 제어부 설계

가. 제어 방식

PLC(master - K300S, LG 산전)에 의한 control 방식

(1) PLC의 입 · 출력부

PLC의 입 · 출력부는 현장의 외부 기기에 직접 접속하여 사용한다. PLC 내부는 DC+5V의 전원(TTL 레벨)을 사용하지만 입 · 출력부는 다른 전압 레벨을 사용하므로 PLC 내부와 입 · 출력의 접속(interface)은 시스템 안정에 결정적인 요소가 된다. 입 · 출력부에 접속되는 외부 기기 예는 <표 7-1>과 같다.

〈표 7-1〉 입·출력부에 접속되는 외부 기기

구 분		부착장소	외부 기기의 명칭
입력부	조건 입력	제어반과 조작반	푸시 버튼 스위치 선택 스위치 토글 스위치
	검출 입력 (센서)	기계 장치	리미트 스위치 광전 스위치 근접 스위치
출력부	표시 경보 출력	제어반 및 조작반	경광등 램프 경광등 부저
	구동 출력	기계 장치	전자 밸브 전자 클러치 전자 개폐기

(2) 액체주입 장치 메모리 할당

본 설비의 mother board는 LG 산전의 GM4-B012M를 사용하였다. 본 base는 10개의 입·출력 unit를 내장할 수 있다. 입력 unit(G41-D24A) 6개와 출력 unit(4Q-TR4A) 4개를 이용해 입·출력하게 된다.

Power	CPU	A-B 입력 32점	A-B 입력 32점	A-B 입력 32점	A-B 입력 32점	A-B 입력 32점	A-B 입력 32점	A-B 출력 32점	A-B 출력 32점	A-B 출력 32점	A-B 출력 32점
		P00- P1F (1)	P20- P3F (2)	P40- P5F (3)	P60- P7F (4)	P80- P9F (5)	P100- P11F (6)	P120- P13F (7)	P140- P15F (8)	P160- P17F (9)	P180- P19F (10)

*P11F-(6)모듈에 소형 토글 스위치를 B로 위치하고, P11카드에 F번(16번째) 접점.

(3) master-K PLC 구성 및 통신

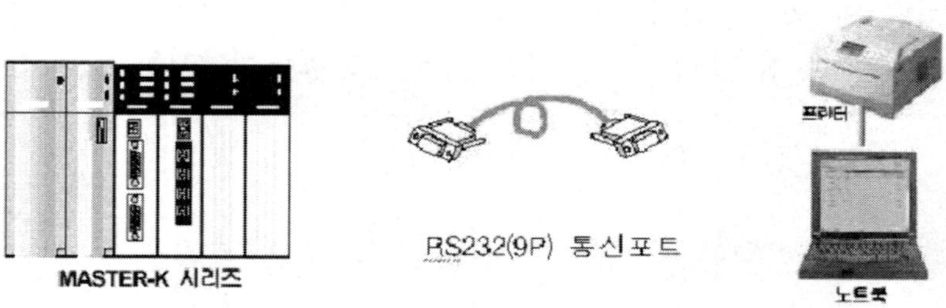

[그림 7-1] Master-K PLC 구성도

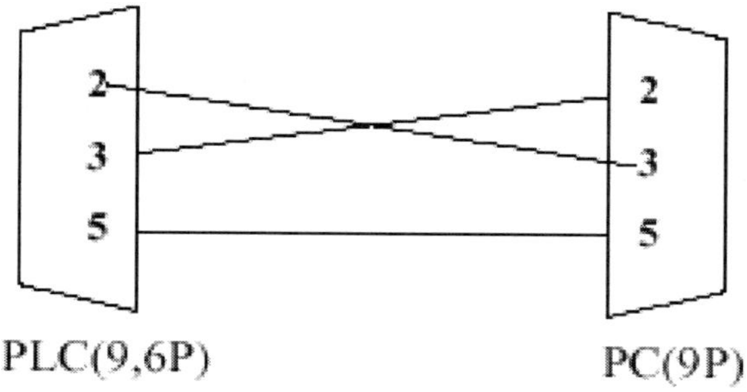

[그림 7-2] PC-PLC 간 통신 cable 결선도

〈표 7-2〉 PLC PIN 번호와 커넥터

PIN 번호	신호	내 용
2	SD	RS-232C send data
3	RD	RS-232C receive data
5	SG	signal ground

나. 전원부

① Main Power : AC 220V ± 10%(3상) 60Hz
② 용 량 : Max 17kW
③ PLC Power : 3상 AC 220V
④ DC Power : 외부(DC Power Supply)
⑤ 주위 환경 : 온도 0~40℃
습도 10~80% RH (이슬 맺힘이 없을 것)
부식성 가스가 없을 것, 분진이 없을 것
주위에 고압 기기가 있는 장소는 피할 것

다. 제어부 구조

액체주입 장치 unit는 1번, 2번, 3번, box가 서로 각 부분별 입력을 PLC에 전송하여 main 제어부의 PLC에서 연산하여 출력값을 각 box에 전송하게 된다.

(1) main motor 제어 inverter

conveyor 이송을 위한 삼상유도 전동기(0.4kW)를 사용하는데 main motor를 제어하기 위해 mitsubish사에서 제공되는 인버터를 사용하였다.

〈표 7-3〉 inverter FR-S520 단자설명

단자기호	단자명칭	내용 설명
STR	정회전 시동	STF 신호 on으로 시동(사용)
STR	역회전 시동	STR 신호 on으로 시동(미사용)
RH, RM, RL	다단계속도 선택	RH, RM, RL신호의 조합에 따라 다단계 인버터 출력이 정지(RL 사용)
MRS	출력정지	MRS 신호를 on하면 인버터 출력이 정지된다(미사용).
RES	리셋(reset)	보호회로 동작시 유지상태를 해제시킬 때 사용(미 사용)
SD	접점입력공통	DC 24V 0.1A전원출력 (PC)공통단자(미사용)
PC	전원 출력 및 외부트랜지스터 공통단자	단자 PC-SD간에 DC 24V 0.1A의 전원출력이 사용 가능하게 한다(사용).
10	주파수설정용 전원	DC 5V 허용 부하전류(미사용)
2	주파수설정 (전압)	DC 0~5V를 입력할 경우 5V에서 최대출력주파수가 되어 입·출력은 비례한다.(미사용)
4	주파수설정 (전류)	DC 4~20mA를 입력할 경우 20mA에서 최대출력주파수가 되어 입·출력은 비례한다(미사용).
5	주파수설정 공통	주파수설정신호 공통단자(미사용)
A, B, C	이상출력	인버터의 보호기능이 동작되어 출력이 정지되었음을 나타내는 1C 접점 출력(미사용)
Run	인버터 가동중	인버터 출력주파수가 가동주파수 이상이면 L레벨로 된다(미사용).
FU	주파수검출	출력주파수가 임의 설정한 검출주파수 이상일 경우 L레벨, 이하는 H 레벨로 된다(미사용).
SE	오픈컬렉터	단자 Run, FU의 공통단자(미사용)
FM	표시계용	출력주파수가 모터전류 및 출력전압 가운데 하나를 선별하여 출력한다(미사용).
-	PU커넥터	RS-485에서의 통신이용시(미사용)

가) RST(전원입력) : 상용전원에 접속

나) UVW(인버터출력) : 3상 유도장치에 접속

다) STF(정회전 시동) : main motor run signal(ADD P126)
라) RL(다단계 속도 선택) : main motor 2단 속도 지정(ADD P127)
마) PC(전원출력 및 외부 트랜지스터 공통단자) : 전원 출력 단자

파라미터 setting 상태에서는 다음과 같다.

가) Pr.7 가속시간 : 1Sec
나) Pr.8 감속시간 : 5Sec
다) Pr.79 가동 모드의 선택 : 1

Pr.79 설정	기 능		
0	전원입력시, 외부가동 모드로 됨		
1	가동 모드	가동 주파수	가동 신호
	PU가동 모드	내장주파수설정 볼륨	조작 패널의 Run키
2	외부가능 모드	외부신호입력	외부신호입력 (STF,STR)
3	외부/PU병용 가동 모드1	내장주파수 설정 볼륨, 조작 패널키 조작 설정	외부신호입력 (STF,STR)
4	외부/PU병용 가동 모드2	외부신호의 입력	조작 패널의 Run키
7	외부가동 모드(PU가동 인터록)		
8	외부가동 모드 이외로의 변환		

가동 속도는 inverter display창의 평균 36으로 조정된다.

(2) 조작 패널

가) run 표시 : 운전상태 표시
나) 모니터용 3자리 LED : 파라미터 번호, 설정값 표시
다) PU표시. EXT키 표시 : 운전 모드 표시
라) M 다이얼 : 주파수설정, 파라미터 설정 변경
마) PU/EXE키 : 운전모드변환－PU는 조작 패널 운전 모드, EXE는 외부운전 모드
바) RUN키 : 정전(파라미터 설정에 의해 역전으로 변경가능)
사) STOP/RESET키 : 정지/리세트(알람시)
아) 모드키 : 설정 모드 변환
자) SET키 : 주파수설정, 파라미터 설정 확정

(3) 모니터, 주파수설정 요령

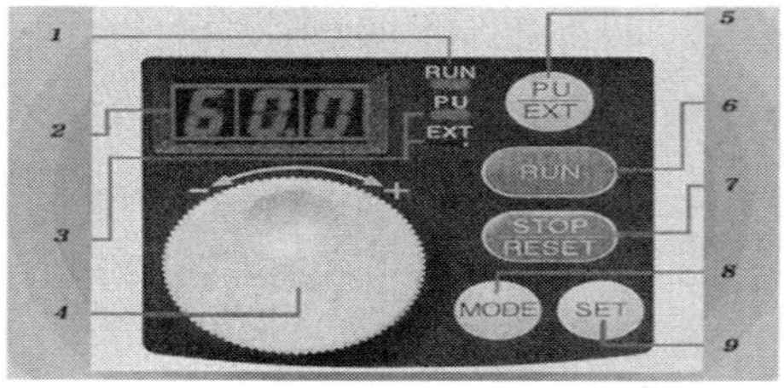

[그림 7-4] Main Motor 조작 패널

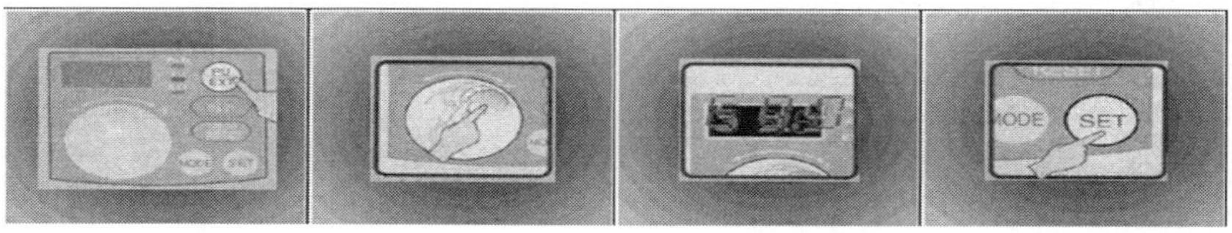

[그림 7-5] 파라미터 조작 패널

가) PU/EXT키를 눌러 PU표시로 해준다.
나) M 다이얼을 돌린다.
다) 희망하는 주파수설정이 표시된다.
라) 다이얼 조작 후 SET키를 누른다.

(4) 파라미터 설정 요령

[그림 7-6] 조작 패널

가) PU/EXT키를 눌러 PU표시로 해준다.

① M 다이얼을 돌린다.
② 파라미터 번호가 설정된다.
③ 다이얼 조작 후 SET키를 누른다. 현재 설정되어 있는 번호가 읽혀진다.
④ M 다이얼을 돌린다.
⑤ 희망하는 설정치가 표시된다.
⑥ 다이얼 조작 후에 SET키를 누른다.
⑦ 파라미터 설정 완료한다.

나) M다이얼을 돌려 다음으로 변경하고자 하는 파라미터 번호를 설정한다. 출력, 변경 설정 변경 완료 후에는 모드키 1회를 누르면 알람 이력. 모드키 2회를 누르면 주파수 설정화면으로 return한다.

라. 전기제어부 주요 부품 및 활용

(1) 차단기, 마그네틱 스위치

본 설비는 과부하나 단락사고때 배선에 흐르는 과전류를 검출하고 자동적으로 회로를 차단하기 위해 각 부분별로 차단기를 설치함으로써 안정화를 추구한다. 또한, 이형부에 마그네틱 스위치를 사용하여 blower motor 전원전압이 저하했을 경우를 대비하여 보호한다.

(2) 카운터

취출부의 취출수량 counter와 이형부의 이형분사제어 counter로 제품의 수량을 확인할 수 있다.

분사 카운터는 bumhan사에서 제공되는 CK-4(generel type)를 사용하였다.

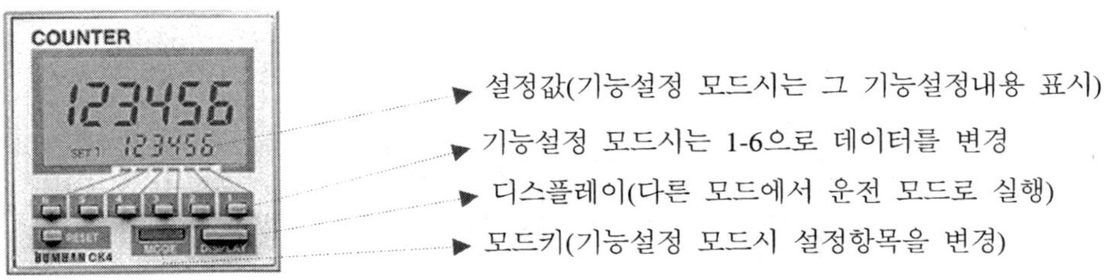

[그림 7-6] 카운터 패널

(3) timer

이형부의 이형액 주입지연과 액 롤러 상승지연 시간을 주기 위해 autonics사의 LE3S(LCD-Timer)를 사용하였는데 LE3S의 입력은 무전압 방식이다.

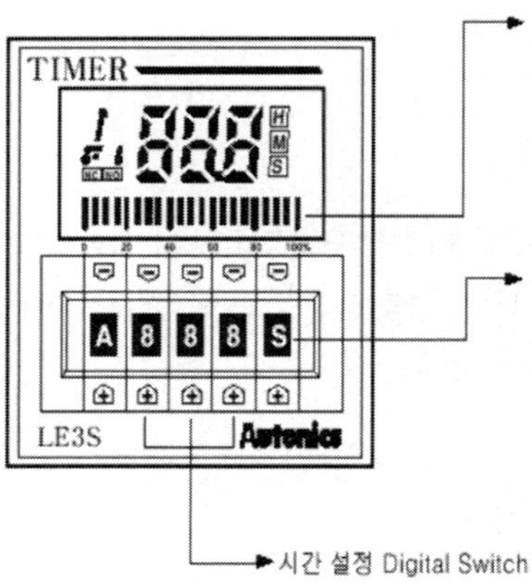

Time Range Mode	
0.01s	0.01sec~9.99sec
0.1s	0.1sec~99.9sec
s	1sec~999sec
0.1m	0.1min~99.9min
m	1min~999min
0.1h	0.1hour~99.9hour
h	1hour~999hour
10h	10hour~9990hour
s	0 min 01sec~9min 59sec
M	0 hour 01min~9hour 59min

[그림 7-7] 동작시간 및 시간사양 모드 선택

Bar 그래프 표시는 설정시간에 대한 시간 진행률을 bar로 표시하는 기능으로서 1bar가 켜지는 조건은 다음과 같다.

가) 설정치(동작시간) / 20(Bar 총 수량)=1bar가 켜지는 시간

나) 본 설비에선 적정시간으로 3sec를 선택하였다.

(4) temperature control

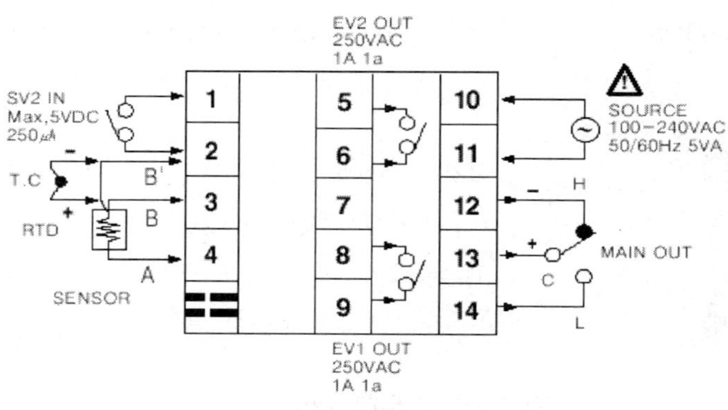

[그림 7-8] 온도 컨트롤러 내부구조

오븐 heater와 frame 건조부, frame액 roller부, 액주입 가열부의 온도 control을 위해 autonics사의 TZ4ST-14S를 사용하였다.

본 배선도에서 SSR 결선은 capacity가 30A로 사용하여 부하 용량보다 크게 하였다.

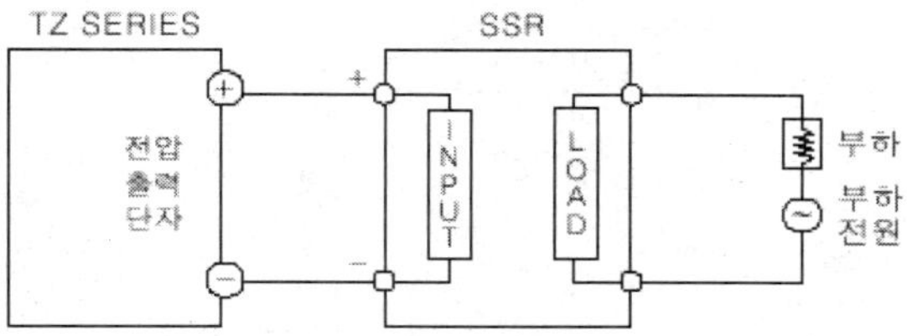

[그림 7-9] 전압 펄스(SSR) 출력

(5) heater ampere meter

6개의 heater의 전류 및 전압을 확인할 수 있다.

또한, 본 설비는 측정전류가 5A 이상이 되므로 전류변환기(CT)를 사용하였다.

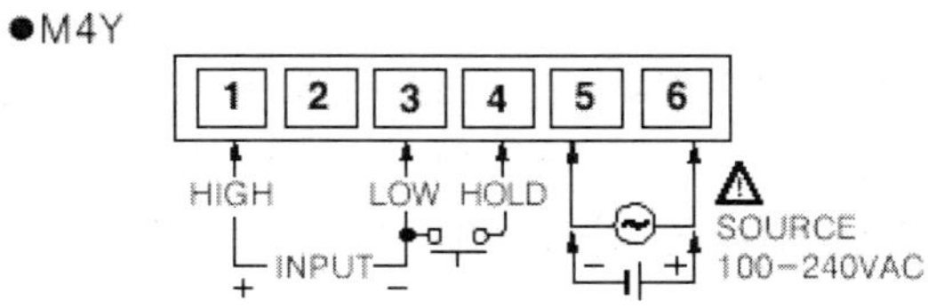

[그림 7-10] M4Y(ampere) 내부 접속도

2. 액체주입 장치 운영 패널

본 설비는 operator의 편의를 위해 각 main box와 각자의 OP box로 각각의 개별 동작이 가능하도록 설계되어 있는데 오븐 pallet 배출부, 제품 취출부, 이형제 스프레이부, 주형액 주입부, frame insert, 오븐 heater control, main control, 제품압착과 오븐 투입부로 나누어져 있고 각 blook별로 자체 OP 패널과 기구부로 구성되어 있다.

가. main control

[그림 7-11]은 본 설비의 main 조작 패널을 나타낸 것으로 모든 OP 패널을 총체적으로 제어하게 되는 부분이다.

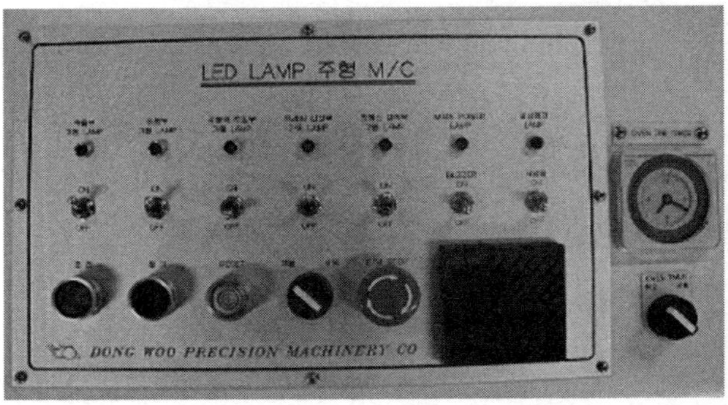

[그림 7-11] main 조작 패널

여기에서 각 기구의 자동 모드를 선택하게 되면 거기에 해당되는 부분만이 자동 동작을 하게 된다.

또한 모든 부분에 2개 이상의 입력이 있을 때 먼저 입력한 신호가 우선하고 그 입력에 대해 출력이 종료하기 전에는 다른 입력 신호를 무시하는 우선회로(interlock)를 걸어 놓으면 설비는 안정되게 동작한다.

(1) 운전 전 준비

가) 압력 air를 공급한다(1개소).

나) 전원을 공급하고 main breaker의 주 차단기를 on시킨다.

다) 설비의 이상 유무를 육안으로 확인한다.

라) 건조로에 전원을 공급한다.

전원 공급시 과전류 유출을 방지하기 위해서 heater 전원을 순차적으로 공급한다.

(2) 수동 운전

가) 각 Unit의 명판의 자동/수동 스위치를 수동으로 놓으면 수동 조작 모드로 된다.

나) 자동 모드에서의 동작은 모두 그대로 정지한다(동작 중인 actuator는 동작

완료 후 정지하고 conveyor를 제외한 모터류는 모두 정지한다).

다) 각 기구의 수동선택 스위치를 조작하고 수동 스위치를 누르면 해당 기구가 동작한다.

(3) 자동 운전

운전 전 준비 사항이 완료된 후 main 명판의 운전 스위치를 누르면 자동 모드에 있는 각 unit의 자동운전을 개시한다(운전 LED 점등). 본 설비는 오븐 가동 타이머를 사용하여 작업자가 미리 오븐을 가열하여 작업을 더욱 신속히 할 수 있어 시간이 절약된다(24시간용 timer 사용). 운전중 시스템 에러가 발생하여 복귀 불능일 경우 main control 패널의 reset 스위치를 약 5초 정도 계속 누르고 있으면 장비는 초기운전 상태로 복귀한다.

(4) 수동 조작

㉮ Main 명판 조작 스위치

(1) 전원 : 제어전원(DC 24V) 인가 시 ON한다.
(2) 운전 : ON 하면 자동 상태의 unit가 동작한다.
(3) 정지 : ON 하면 자동가동 중인 각 unit cycle 완료 후 정지한다.
(4) reset : 기기에 발생하는 모든 에러를 해제한다.
(5) 자동/수동 selector : 자동/수동 모드를 선택한다.
(6) E/M stop : 비상시 누르면 전 기구부가 정지한다(해제 시 우측방향으로 돌린다).
(7) 부저 ON/OFF : 부저 ON 시 부저음을 ON/OFF한다.
(8) 작업등 ON/OFF : 기계 내부 작업등을 ON/OFF시킨다.

㉯ Main 명판 표시등

(1) main power lamp : main전원 인가 시 점등
(2) 비상정지 lamp : 비상정지 스위치 시 점등
(3) 취출부 가동 lamp : 스위치 ON 시 동작 상태 표시 점등
(4) 이형부 가동 lamp : 스위치 ON 시 동작 상태 표시 점등
(5) 주형액 주입부 가동 lamp : 스위치 ON 시 동작 상태 표시 점등
(6) 프레임 삽입부 가동 lamp : 스위치 ON 시 동작 상태 표시 점등
(7) 프레스 압축부 가동 lamp : 스위치 ON 시 동작 상태 표시 점등
(8) 운전 전 항상 toggle 스위치 ON/OFF를 확인 후 운전할 것

나. 이형제 스프레이부

본 unit는 이형제 spray 공정으로서 conveyor상에서 공급된 pallet에 이형제를 spray하는 unit이다.

[그림 7-12]는 이형제 스프레이부의 조작 패널을 나타낸 것이다.

[그림 7-12] 이형제 스프레이부 조작 패널

(1) 수동 조작

가) 명판의 자동/수동 스위치를 수동으로 놓으면 수동 모드가 된다.

나) 자동 모드에서의 동작은 모두 그대로 정지한다(동작중인 actuator는 동작완료 후 정지).

다) 평판의 스위치를 조작하면 해당 기구가 동작한다.

(2) 자동 운전

가) 운전 전 준비 사항이 완료된 후 명판의 자동/수동 스위치를 자동으로 놓으면 자동 운전 상태가 된다.

나) 자동 운전 중에 이상이 발생시는 unit는 자동 정지한다.

다) 자동 운전 중에 정지 스위치를 누르면 작업중인 pallet의 작업완료 후 정지한다.

라) 이형제 스프레이부 수동 조작 순서

stopper 전진→ door 하강→ 로드레스 전진→ 스프레이 ON/OFF → 로드레스 후진→ air valve ON/OFF

마) 자동 운전 시 ≫로드레스 전진 시 → 스프레이 open
≫로드레스 후진 시 → air valve open

바) 분사제어 카운터

260개의 지그가 spray 제품 유/무 센서(ADD P79)의 감지에 의해 분사되고 다시 260개의 지그가 spray 제품 유/무 센서(ADD P79)에 260번 감지되면 카운터가 1UP된다(자동 운전 시 이형부 분사 스위치가 ON 위치에 있어야 함).

〈표 7-5〉 이형제 스트레이부 이상 시 조치방법

이 상 상 황	원 인	조 치 방 법
- 명판의 스위치 동작이 되지 않는다.	- 비상정지 ON - 스위치 이상	- 비상정지 OFF - 스위치 동작확인
- 수동 시 동작이 되지 않는다.	- 기구간의 interlock - air 압력 이상 - 운전준비 상태가 아님	- 동작 차례에 맞게 동작 - air 압력상태를 확인 (정상 공급한다) - 운전준비 상태로 한다.
- 자동 운전이 되지 않는다.	- 자동 전환 시 원점이 아님 - 센서 이상, 파손	- 수동상태에서 원점복귀 후 자동전환 - 센서 동작확인 조정, 교체
- 자동 운전 중 적색 경광등이 점등 부저 알람	- 센서 이상, 파손 - 기구부 이상 - 에러 발생	- 센서 동작확인 조정, 교체 - 기구부 확인 - 에러 리셋
- 자동 운전 중 적색 경광등이 점등, 비상정지 LED 점등, 부저 알람	- main 또는 명판의 비상정지 스위치 눌림 - air 압력 이상	- 비상정지 스위치 해제 - air 압력상태 확인 (정상 공급한다)

다. 주형액 주입부

본 unit는 제품이 분리된 빈 mold cap 주형액을 주입하는 unit이다. epoxy 도포 공정으로 conveyor 상에서 이형제가 스프레이된 팔레트에 epoxy를 도포한다.

1) 주형액 가열은 주형액에 열을 가하는 장치이며 필요에 따라 온도를 작업자의 임의대로 온도 조절이 가능하다.
2) 주형액 주입은 상부의 조절레버를 이용하여 양을 조절한다.
3) 주형액 가열 temperature(TZ4ST-14S)의 사용설정 및 사용여부는 외부에서 조정가능.

4) 주형액 주입부 수동 조작 순서

스토퍼 상승→ back up 상승→ 액 주입 1차 하강→ 로터리 좌회전→ 액 주입 2차 하강→ 로터리 우회전→ 액 주입 1차 상승 →액 주입 2차 상승→ back up 하강

5) 자동 조작 시 back up 하강은 센서 ADD P96과 P97 동시에 감지되어야만 back up이 상승하게 됨을 주의

※ 장비의 특성에 따라 센서 ADDRESS가 다를 수 있음

6) 액 배출 모드

대략 ϕ8 이하의 mold cup 사용 시 1회 모드 select. ϕ8 이상의 mold cup 사용 시 연속 모드 select

가) 수동 운전 시 동작 원리

① 액 배출 1회 모드 : 액 주입 2차 하강 후 액 배출 ON 시 1회만 액 배출

② 액 배출 연속 모드 : 액 주입 2차 하강 후 액 배출 ON 시 연속해서 액 배출

나) 자동 운전 시 동작 원리

① 액 배출 1회 모드 : 액 주입 2차 하강 후 1회만 액 배출

② 액 배출 연속 모드 : 액 주입 2차 하강 후 2회 액 배출

다) 액 주입 지연 타이머

2차 하강 액 주입 후 지연 설정 시까지 머문 후 로터리가 반전된다(설정 방법은 상부에 서술한 timer [LE3S] 설명 참조).

라) 주형액 가열 temp

액 주입 가열부(주형액 원형 통)의 온도를 외부에서 설정함으로써 epoxy 최적의 상태를 유지한다.

예) 25℃설정 시

설정값 자리조작 키(<) 1회 누른 후 Up Key(∧) down키(∨)로 첫자리 5를 설정 한 후 다시 자리 조작 키를 1회 누름으로써 두 자리 수로 이동 후 2를 설정한 후 모드키(MD)로 빠져나오면 설정 완료한다.

라. Frame Insert 부

1) conveyor에 의해 이송된 매거진 프레임을 주형액이 들어 있는 mold cap에 삽입하는 unit이다.

[그림 7-13]은 frame insert부의 조작 패널을 나타낸 것이다.

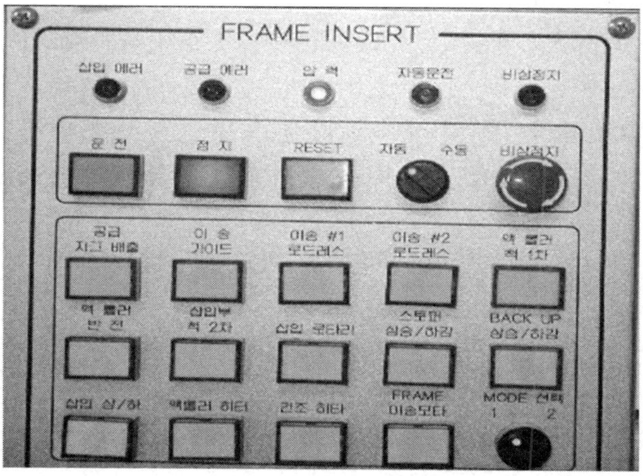

[그림 7-13] frame insert부 조작 패널

2) frame insert부 수동 조작

frame 이송 모터(센서 ADD P114 감지) → 이송#1 로드레스 전진 →이송#1 로드레스 후진→ 액 롤러 1차 척→ 액 롤러 반전 → 액 롤러 복귀 → 액 롤러 1차 척 복귀 → 이송#2 로드레스 후진 → 이송 가이드 전진 → 이송#2 로드레스 전진 → 이송 가이드 복귀 → back up 상승 → 삽입부 척 2차 → 삽입 로터리 반전 → 삽입 하강 → 삽입부 척 2차 복귀 → 삽입 상승 → 삽입 로터리 반전 → back up 하강

3) 모드 select 스위치를 사용하여 작업자가 제품에 특성을 고려할 수 있게 하였다(2번 작동 시 액 롤러 액 삽입부가 작동되지 않음).

4) 수동 조작 액 롤러 반전은 액 롤러 척1차가 반드시 ON되어야만 반전된다. 외부에서 hi speed로 액 롤러 motor의 속도를 조절하며 low speed로 반전 후 motor의 속도를 조절할 수 있다(사양에 따라 기능여부가 미 장착되어 있을 수 있음).

5) 자동 조작 frame 이송 가이드 photo 센서(EE-SX673) ADD P11D나 P11E 감지될 때 기기는 자동 정지된다(이송 위치 이탈).

(frame 이송가이드의 이탈 방지 상황을 위하여 고속응답(응답주파수 1kHz)이 가능한 OMRON 사의 photo 센서(EE-SX673)를 사용하였다)

6) frame이 없을 경우 frame 이송 motor에 의해 이송된 지그가 frame 삽입부 지그 배출 감지 센서(ADD P112)가 감지되면 빈 지그를 적재하게 된다.

(자동 조작 시 센서 ADD P30과 P31동시에 감지되어야만 back up 상승 및 삽

입 로터리 반전이 됨을 주의)

7) frame 예열 temp'는 제품의 기포를 방지하기 위해 1차적으로 예열을 해주는 unit이다.

8) 액 롤러 예열 temp'는 액 롤러의 액의 굳음을 방지하기 위해 고안된 unit이다(온도 설정방법은 주형액 주입부의 주형액 가열 temp' 설정을 참조).

〈표 7-6〉 frame insert부 이상 시 조치방법

이 상 상 황	원 인	조 치 방 법
명판의 스위치 동작이 되지 않는다.	•비상정지 ON •스위치 이상	• 비상정지 OFF • 스위치 동작확인
수동 시 동작이 되지 않는다.	•기구간의 Interlock •Air 압력 이상 •운전준비 상태가 아님	•동작 차례에 맞게 동작 •air 압력 상태를 확인 (정상 공급한다) •운전준비 상태로 한다.
자동 운전이 되지 않는다.	•자동 전환 시 원점이 아님 •센서 이상, 파손	•수동상태에서 원점복귀 후 자동전환 •센서 동작확인 조정, 교체
자동 운전 중 적색 경광등이 점등 부저 알람	•센서 이상, 파손 •기구부 이상 •에러 발생	•센서 동작확인 조정, 교체 •기구부 확인 •에러 리셋
자동 운전 중 적색 경광등이 점등, 비상정지 LED 점등, 부저 알람	•main 또는 명판의 비상정지 스위치 눌림 •air 압력 이상	•비상정지 스위치 해제 •air 압력상태 확인 (정상 공급한다)

마. 제품압착과 오븐 투입부

본 unit는 conveyor 상에서 공급된 팔레트에 L/F를 pressing하여 위치를 setting하여 건조로로 이송하는 unit이다.

[그림 7-14]는 제품압착과 오븐 투입부의 조작 패널을 나타내었다.

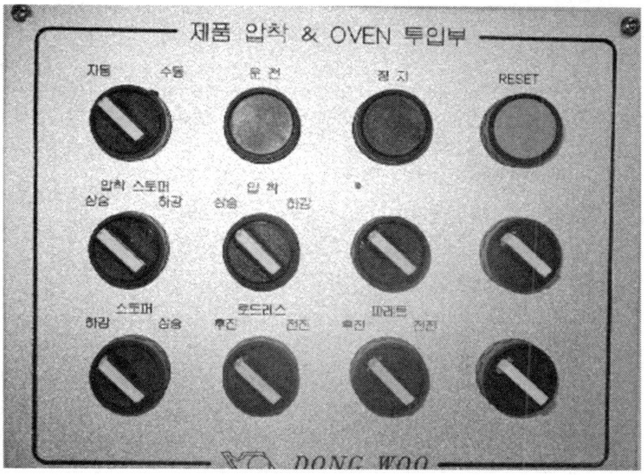

[그림 7-14] 제품압착 & 오븐 투입부 조작 패널

(1) 제품 압착부 수동 조작 순서

스토퍼 상승 → 압착 하강 → 압착 상승 → 스토퍼 하강

(자동 조작 시 압착부 하강은 센서 ADD P01C와 P01D가 동시에 감지되어야만 하강하게 됨을 주의하고, 자동 조작 시 frame 유/무(P1A)가 감지되어야만 자동 제품압착이 이루어진다.)

(2) 오븐 투입부 수동 조작 순서

스토퍼 상승 → 로드레스 전진 → 스토퍼 하강 → 로드레스 후진 → pallet 전진/후진

〈표 7-7〉 제품압착과 오븐 투입부 이상 시 조치방법

이 상 상 황	원 인	조 치 방 법
명판의 스위치 동작이 되지 않는다.	•비상정지 ON •스위치 이상	• 비상정지 OFF • 스위치 동작확인
수동 시 동작이 되지 않는다.	•기구간의 Interlock •Air 압력 이상 •운전준비 상태가 아님	•동작 차례에 맞게 동작 •air 압력 상태를 확인 (정상 공급한다) •운전준비 상태로 한다.
자동 운전이 되지 않는다.	•자동 전환 시 원점이 아님 •센서 이상, 파손	•수동상태에서 원점복귀 후 자동전환 •센서 동작확인 조정, 교체
자동 운전 중 적색 경광등이 점등 부저 alarm	•센서 이상, 파손 •기구부 이상 •에러 발생	•센서 동작확인 조정, 교체 •기구부 확인 •에러 리셋
자동 운전 중 적색 경광등이 점등, 비상정지 LED 점등, 부저 alarm	•main 또는 명판의 비상정지 스위치 눌림 •air 압력 이상	•비상정지 스위치 해제 •air 압력상태 확인 (정상공급 한다)

바. 오븐 pallet 배출부

본 unit는 건조로에서 건조된 pallet를 conveyor로 공급하는 unit이다. [그림 7-13]은 오븐 pallet 배출부와 취출부의 조작 패널을 나타내었다.

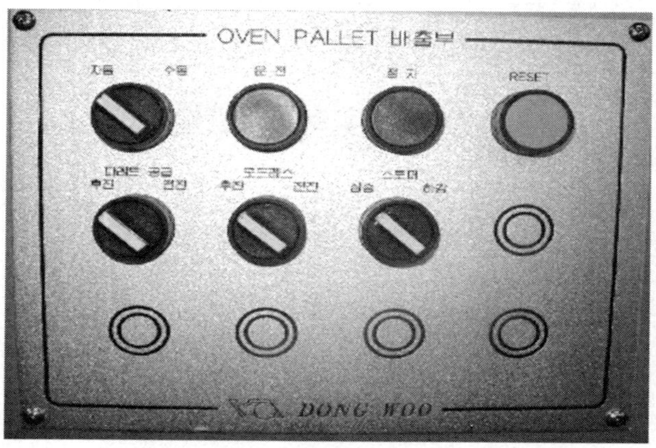

[그림 7-13] 오븐 pallet 배출부 패널

오븐 pallet 배출부 수동 조작 순서는 다음과 같다.

Pallet 공급 전진/후진 → 스토퍼 상승 → 로드레스 전진 → 로드레스 후진 → 스토퍼 하강

순차제어 오류(pallet 전진 시나 스토퍼 하강) 시 로드레스 전/후진 작동되지 않는다.

사. 제품 취출부

본 unit는 conveyor 상에서 공급된 pallet에서 완료된 LED를 JIG에서 분리하여 적재하는 unit이다.

(1) 제품 취출부 수동 조작 순서

스토퍼 상승 → back up 상승(자동 운전 시 센서 ADD P78감지) → 취출부 하강 → 제품 척 ON → 취출부 상승 → back up 하강 → 로드레스 전진 → 가이드 전진 → 척 OFF → 가이드 후진 → 로드레스 후진

(2) 취출 카운터

취출된 LED를 카운터한다(자동 운전 시 취출부 취출 카운터 스위치가 ON 위치 해야 함).

아. 오븐 Heater Control 부

본 Unit는 Mold Cap에 주입된 주형액을 오븐에서 건조하는 Unit이다.

(1) 6개의 heater를 coil의 온도조절 및 인가전원, ampere를 개별로 check 및 선택할 수 있다.

(2) 온도 표시계(T4WM)의 5개의 포지션에 현재 오븐 내부온도(PV)를 확인할 수 있다.

(3) 수동 선택 및 자동 선택 전환 방법

select 스위치를 3sec동안 ON 시 전환

가) 수동 선택 기능

select 스위치를 원터치 때마다 위치 전환

나) 자동 선택 기능

자동 선택 기능 시 순차적으로 자동지시

다) 24시간 timer

① 우측 ON 시 작업전 오븐 예열을 작업전 설정한 시간에 먼저 온도를 상승하기 위한 timer이다.

② 좌측 ON 시 timer와는 무관하게 항시 오븐을 예열 히터를 사용한다.

라) main power : 3상 220V 18kW

마) control : 220V

바) 히터 용량 : 3kW×6blook = 18kW

제3절 실습순서

1. 몰드 작업 실습

가) 장비상태점검

① 기압(air) 스위치를 켜고 압력의 정상여부를 확인한다(4～6kg/cm^2).

② 각 부의 연료유무를 확인한다.

③ 몰드 컵을 몰드지그에 고정하여 M/C의 rail부에 260sets를 정렬시킨다.

④ 전원 스위치를 켜고 전원 지시램프의 켜짐을 확인한다.

나) temp부 전원 스위치를 ON한 후 오븐 온도를 설정한다.

① 각 구간별 온도 지시계 온도설정(삼진 에폭시의 경우)

구간	1구간	2구간	3구간	4구간	5구간	6구간
온도	110±8	120±8	120±5	120±5	120±5	120±5

② total 6개중 과부하방지를 위해 먼저 2개를 ON하고 setting 온도 도달시 2개씩 차례로 ON한다.

다) decap(demold)부의 실린더 스트로크 높이를 조정한다.

라) release spray 부의 air release량을 조정하고 분사회수를 선택한다.

① 압력 상태
- air blow 시(時)압 : 2～3㎏/㎠
- release spray 시(時)압 : 2～3㎏/㎠

② 스위치 상태
- 자동(auto) 상태
- release spray 상태
- 횟수 선택 스위치

③ release spray 횟수
- 2사이클 공회전 후 1사이클 살포 실시(자동)

마) encapsulate(dispensor)부 setting 방법

① needle을 회전축에 삽입(A,B 방향대로 삽입)하고, 축고정판에 조립하여 M/C에 장착한다.

② 피스톤을 장착한다.

③ 액통과 dispensor 부를 호스로 연결한다.

④ axis rotation 스위치를 ON한다.

⑤ 액량 조절판을 11mm 삽입한다.

⑥ 에폭시 수지를 액통에 붓는다.

⑦ axis rotation 및 encapsulate 스위치를 동시에 OFF한다.

⑧ needle이 몸체에 완전 주입시 axis rotation 및 encapsulate 스위치를 동시에 ON한다.

⑨ 액량 조절 cotroller를 적정하게 seting한다.
- 3Ø 구형 : 30～60mm
- 5Ø 구형 : 20～28mm
- 사각 : 25～35mm

⑩ complete 스위치를 ON/OFF 한다(5～10회 반복).

⑪ dispensing speed controller를 적절히 조정한다.
- 3Ø 구형 : 3～10
- 5Ø 구형 : 5～15
- 사각 : 3～12

⑫ needle pin과 moldcup과 간격을 cylinder 고정 stopper를 이용하여 조절한다.

⑬ 1개의 몰드지그에 대해 manual로 진행한다.

몰드 컵안의 기포 및 액량을 확인하여 이상이없으면 작업을 진행한다.

⑭ 이상발생시 9항부터 다시 시작한다.

⑮ condition log sheet에 의해 매일 check한다.

바) pre-coating부와 L/F inset부의 전원스위치를 ON한다.

① pre-coating부의 롤러 속도 및 실린더 높이를 조절한다.

② 롤러 M/C에 장착하여 screw를 조정한다.

③ manual controll키를 이용하여 롤러와 L/F Cup과의 gap을 0.1～0.2mm로 조정한다.

④ 에폭시를 부은 후 speed controller 스위치를 ON한다.
이때 speed controller는 다음과 같이 setting한다.
speed : 15～25

⑤ L/F을 삽입한 후 start 스위치를 ON한다.
- roller의 epoxy 도포양은 L/F CUP의 1/2 이하로 setting한다(육안확인).

⑥ 기포 및 coarting여부를 스코프(scope)로 확인한 후 이상 없을 작업을 시작한다.

사) L./F insert부의 실린더 높이를 조정한다.
- L/F pressing부의 실린더 높이를 조정한다.

아) 주제어함(main control box)의 시작 스위치를 ON한다.
- 오븐 규정온도 도달시까지 M/C를 warm-up시킨다.

자) L/F pre-coating부의 시작 스위치를 ON한다.

차) 오븐 규정온도 도달시 encapsulate부 및 L/F insert 부의 시작 스위치를 ON한다.

타) 정상가동

① M/C를 정지하고자 할 때는 정지 스위치를 누른다.

② 다시 시작할 때는 몰드지그 정위치 확인 후 시작 스위치를 ON한다.

③ 실린더부 멈춤 위치 적정위치
- L/F insert부
- L/F pressing부
- dispensing needle부
- decap(demold)부

2. 몰드 장비 세척

가. EnCapsulte(dispensor)부

(1) cleaning 순서

가) 액통의 액량을 확인하고 액통에 액이 남아 있을 경우 다른 용기에 덜어낸다.
나) M/C 정지 후 에폭시 액통에 아세톤을 붓는다.
다) axis rotation 및 EnCapsulate 스위치를 ON/OFF 반복하여 needle 몸체 및 호스를 세척한다.
라) 액량 조절판을 들어낸다.
마) scerw를 풀어 dispensor 헤드 고정판을 제거한다.
바) 피스톤을 분리한다.
사) needle 몸체에서 회전축을 분리한다.
아) 아세톤에 20～30분간 담가둔다.
자) 용기에서 꺼낸 후 air blow하여 건조시킨다.

(2) cleaning 횟수

가) 정기적 : 매일 1회 실시
나) 비정기적 : 상이한 에폭시 및 디바이스 교체시 매회 실시

나. pre-coating부

(1) cleaning 순서

가) 롤러 고정 screw를 제거한다.
나) 롤러와 액통을 분리시킨다.
다) 롤러와 액통을 아세톤에 약 10분간 담가둔다.
라) 용기에서 꺼내어 air blow하여 건조시킨다.
마) 역순으로 조립한다.

(2) cleaning 횟수

가) 정기적 : 3～4시간마다 1회 실시
나) 비정기적

① 상이한 에폭시 및 디바이스 교체 시 매회실시
② 2시간 이상 장시간 장비 정비 후 재가동시
③ 롤러부 temp는 40℃~45℃를 유지한다.

(3) pre-coating부 setting

가) 롤러 M/C에 장착하여 나사를 조인다.
나) manual controll키를 이용하여 롤러와 L/F cup 사이의 간격을 0.1mm 간격을 유지하도록 한다.
다) 롤러 액통에 수지를 붓는다.
라) 롤러 epoxy 도포량은 L/F cup의 1/2로 setting시킨다.
마) dummy L/F로 coating 상태를 확인한다.

다. 오븐부

cleaning 순서는 다음과 같다.

① 오븐부 뚜껑을 연다.
② 천정 및 레일부 이물질을 벗겨낸다.
③ 진공 청소기로 이물질을 제거한다.

라. 기타부

기타 M/C부에 에폭시 수지나 이물질이 묻어 있을 경우에는 즉시 헝겊에 아세톤을 적셔 닦아낸다.

3. 실습보고서 작성

4. 정리정돈

제 8 장

트리밍 공정

제1절 관계 지식

제2절 장비사용법

제3절 실습순서

실습 과제명	트리밍(trimming) 공정			
목 표	① 트리밍 장비의 사용법을 익힌다. ② 트리밍 장비를 운용하여 생산할 수 있다.			
장비 및 공구	소요재료	규격	수량	안전 및 유의사항
- DATH-T200	- 몰드가 끝난 LED		생 산 수량	① 장비 사용 시 무리한 힘을 가하여 장비가 파손되지 않도록 한다. ② 장비사용법을 정확히 이해하고 사용하도록 한다.

제1절 관계 지식

1. 개 요

이 장비는 LED 자동 트리밍 장비라고 한다. 리드 프레임 상태의 제품을 로더(slope type) 캐리어에 적재한다. 적재된 리드 프레임은 이젝터 실린더에 의해서 분류되어 밀어주는 모터로 트리밍 전 구간 버퍼에 로딩시킨다. 인덱스 서보 모터는 버퍼 구간의 리드 프레임부터 자를 때까지 프레임 이송동작을 수행한다. 프레임이 이송된 부분에서는 데이터에 의해 트리밍 및 극성을 점검하여 역 트리밍 불량을 알리고, 자른다. 잘라진 제품은 벌크상태로 완료품 운송 박스에 수납된다.

2. 주요 특징

가) 전 원 : AC 220V φ1, 50Hz/60Hz, 2.2kW

나) air : 6kg/cm^2 clean air

다) 설치 및 주의사항

① 장비의 stopper 4개소를 조정하여 수평을 확인하고 stopper를 고정한다.

② 전원 및 air를 장비 사양(2-1.2-2)에 맞게 연결한다.

라) 전원 켜기 초기화

① 먼저 전원을 인가하면 이송 테이블 상하 모터가 원점 동작을 실행한다. 원점 동작이 완료되면 다음으로 로더의 밀어주는 모터 원점복귀 동작이 실행되고 메인 인덱스 모터(서보 모터)의 원점 동작을 수행한다(원점 동작이 안 될 경우에는 어떠한 동작도 진행되지 않는다).

② 초기화 실행 완료 전에는 터치 화면에 장비 정보를 표시하고, 초기화를 완료하면 메인 모니터 화면으로 자동 전환된다. 또한 초기화 중에는 스위치를 눌러도 동작되지 않는다.

마) 원점복귀 동작 및 조정 방법

① 이송 테이블 상하 모터 원점복귀 및 조정

- 원점복귀 동작은 홈센서를 감지할 때까지 시계 반대방향으로 회전하며 홈을 감지하면 원점복귀가 완료된다.
- 원점 조정방법은 모터 축에 원형의 센서판 고정나사를 푼 다음, 상하 캠을 상사점으로 맞추고, 센서판의 홈부분을 센서 중심에 두고 다시 고정한다.

(주의 : 전원 ON/OFF 또는 이송 프로그램 모드에서 'Up/Down homing' 스위치를 눌러 원점을 실행하면서 원점 조정이 제대로 되었는지를 확인하거나 수동 모드에서 상하 동작을 수행 시키면서 확인해도 무관하다.)

② 로더 밀어주는 모터 원점복귀 및 조정

- 원점복귀 동작은 리미트 센서가 감지할 때까지 시계 반대방향(－방향)으로 회전한다.
- 리미트 센서가 감지되면 시계방향으로 다시 회전하여 원점복귀를 다시 실행한다.
- 홈센서가 감지되면 원점 실행이 완료된다.
- 원점 조정방법은 먼저 하단의 가이드에 고정된 센서를 +리미트 및 －리미트 센서를 기구적인 마찰이 발생되기 3~5mm 정도에 고정한다.
- Limit 센서에 바짝 붙여서 Home 센서를 고정시킨다.
- +Limit 센서의 근처에 Pusher End Check를 고정시킨다.

(주의 : 전원 ON/OFF나 수동 모드 및 밀어주는 프로그램 모드에서 원점 실행 및 "pusher ready(inlet)"를 실행하면서 원점 조정이 제대로 되었는지를 확인한다.)

③ 메인 인덱스 서보 모터 원점복귀 및 조정

- 원점복귀 동작은 +리미트 센서를 감지할 때까지 시계방향으로 회전하며

센서가 감지하면 시계 반대방향으로 다시 홈을 찾는다.
- 원점 조정방법은 먼저 하단의 가이드에 고정된 센서를 +리미트 및 –리미트 센서를 기구적인 마찰이 발생되기 3~5mm 정도에 고정한다.
- 센서를 고정하는 부분이 같은 블록으로 되어 있으므로 리미트만 맞춘다.

(주의 : 전원 ON/OFF 또는 이송 프로그램 모드에서 “servo homing” 스위치를 눌러 원점을 실행하면서 원점 조정이 제대로 되었는지를 확인한다. 또한 수동 모드에서 이송 동작을 수행 시키면서 확인하여도 무관하다.)

제2절 장비사용법

1. 동작 패널 배치도 및 설명

가. Power 스위치

전원을 투입 또는 차단하는 스위치다.

나. Ready 스위치

장비의 자동 운전을 가능하게 하기 위한 기능 스위치다. 운전 전에는 반드시 ‘ready’ 스위치를 반드시 올려야 된다.

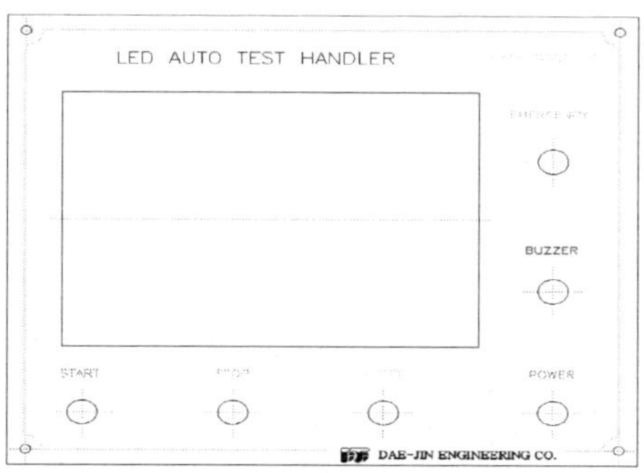

다. start 스위치

장비를 자동으로 운전하기 위한 스위치이다. 모드에 상관없이 누르면 현재 시점부터 모든 부품들이 자동으로 스톱을 누르기 전까지 계속 가동된다. 단, 스톱 시에는 각 부품이 완료되는 시점이다.

라. stop 스위치

자동으로 가동되는 장비를 정지시키기 위한 스위치이고 에러 발생 시에도 이 스위치로 해제한다.

마. emergency 스위치

비상 스위치로 누르면 장비는 스톱된다(해제하지 않으면 어떤 경우에도 장비는 가동되지 않는다).

바. 부 저

에러 발생 시 알려주는 부저이다.

2. 작동법

가. 초기화 모드 화면

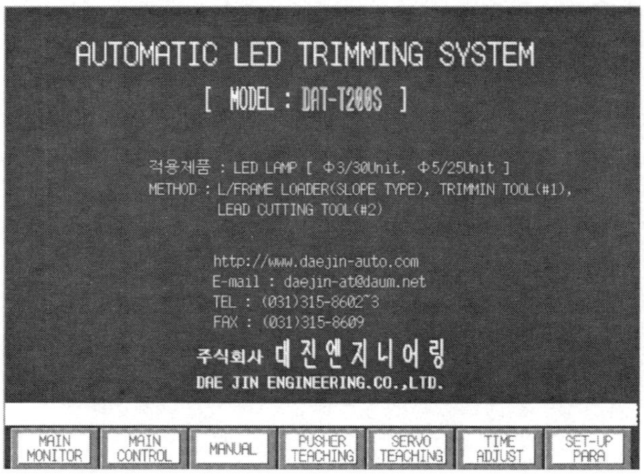

초기 모드로 장비에 전원을 인가 시에 나타나는 화면으로 키 기능 설명은 다음과 같다(이외의 다른 화면에서 우측 상단의 장비 모델명 부분을 누르면 이 화면으로 이동된다).

Display	Function
MAIN MONITOR	메인 모니터 화면으로 이동하는 키
MAIN CONTROL	메인 컨트롤 화면으로 이동하는 키
MANUAL	수동 화면으로 이동하는 키
PUSHER TEACHING	밀개 프로그램 화면으로 이동하는 키
SERVO TEACHING	서보 프로그램 화면으로 이동하는 키
TIME ADJUST	시간 조종 화면으로 이동하는 키
SET-UP PARA	파라미터 설정화면으로 이동하는 키

(주의 : 본 디스플레이 화면은 DAT-T200에 트림 규격 및 트림 커팅 규격에 둘 다 적용된다)

나. "main monitor" 모드 화면

이 모드는 설비 가동 시 기본적인 정보를 모두 표시하는 화면이다. 작업자가 편리하게 운전할 수 있도록 간단한 조작 스위치 및 장비시간과 카운터, 표시 및 장비 설정상태를 램프로 표시하는 화면이다.

(1) "machine operation status indicator" 표시 부분

장비의 전체적인 가동 상태를 나타내는 부분이다.
각 부분을 현재 상태에 맞게 위치 및 동작 상태를 나타낸다.

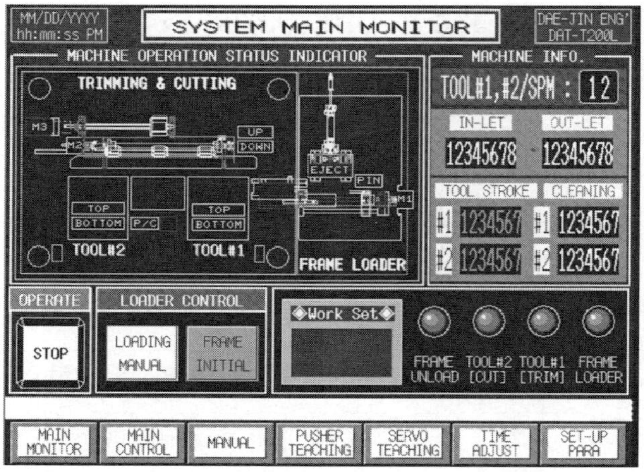

(2) "operation" 램프

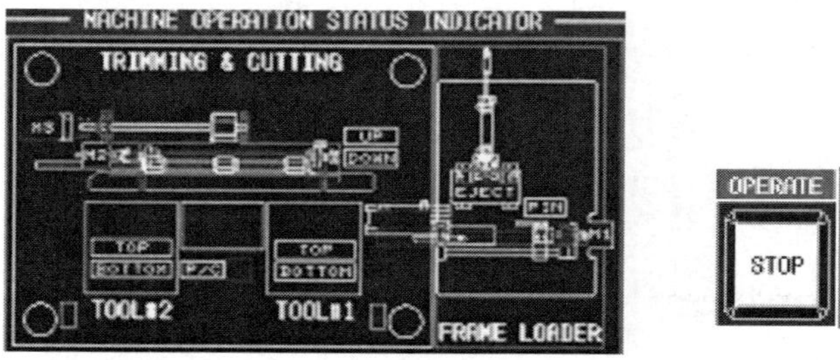

장비의 가동 상태를 나타내는 램프이다.
정지 시 'stop'으로 램프가 꺼지고, 운전 시 'run'으로 램프가 켜진다.

(3) "machine INFO."

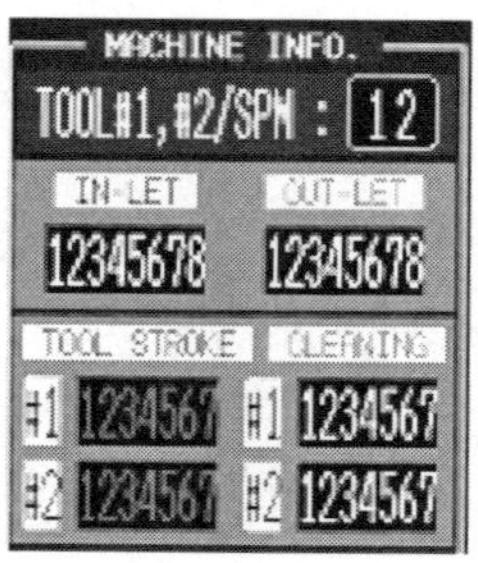

장비의 카운터를 표시한다.
이 정보는 주 전원을 꺼도 유지된다.

(4) "work set"

설비의 작업 대상을 설정한 상태를 나타낸다.
'M/C Op. Set-Up' 에서만 설정이 가능하다.

(5) "M/C 운전 설정 lamp" display

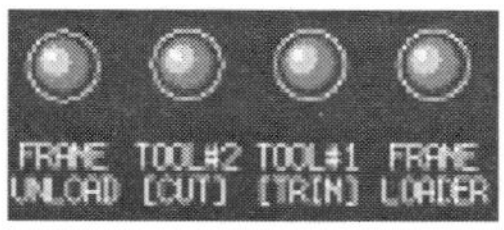

주요 제어에서 설정된 스위치 램프이다.
빨간불이 점등된 부분만 수동 모드에서 제어할 수 있다.

다. "main control" 모드 화면

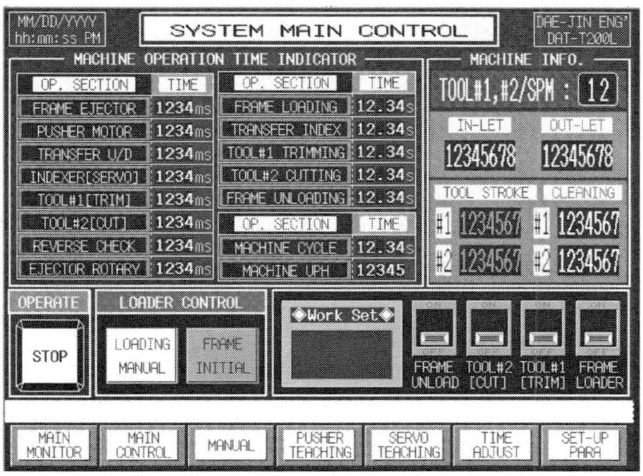

이 모드는 "main monitor" 화면과 같은 부분의 동작이 같지만 다른 부분은 시간 표시부분과 운전 설정을 ON/OFF하는 부분이다.

(1) “time display”

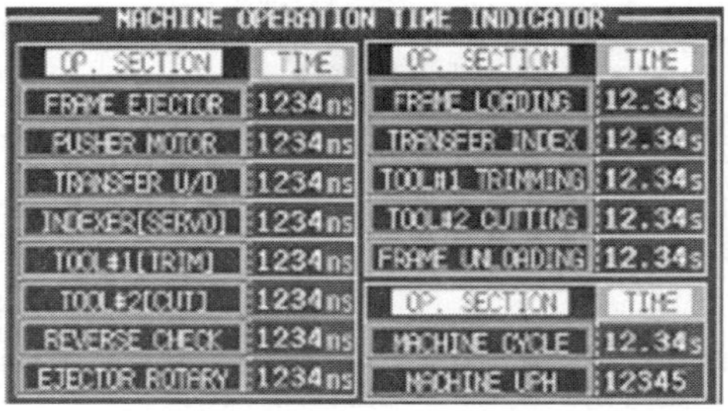

각 부분의 한 사이클당 동작 시간을 표시해준다.

(2) “frame unloader”, “tool#1[Trim]”, “tool#2[Cut]”, “frame loader”스위치

각 부분의 사용 여부를 설정하는 스위치이다.

ON되어 있는 구간만 수동 모드에서 수동 제어할 수 있다.

(주의 : 커팅 설정 및 프레임을 언로딩할 경우에는 반드시 설정을 변경한 후에 작업을 진행해야 한다. 예를 들어 커팅을 끄면 반드시 언로딩을 켜야 된다)

라. "System Manual Operate" 모드 화면

이 모드는 “manual 모드”이며 정지 상태에서만 수동 스위치가 동작되며 수동 동작 시간 표시 또한 각 부의 엑추에이터 솔레노이드 동작을 ON/OFF한다.

(주의 : 각 동작들은 리미트 스위치의 감지 여부 및 일정한 순서에 의해 동작이 되며, 초기 장비 출하 시 모든 리미트 스위치 위치는 부득이한 경우 외에는 충분한 교육을 받은 운용자만 수정할 수 있다)

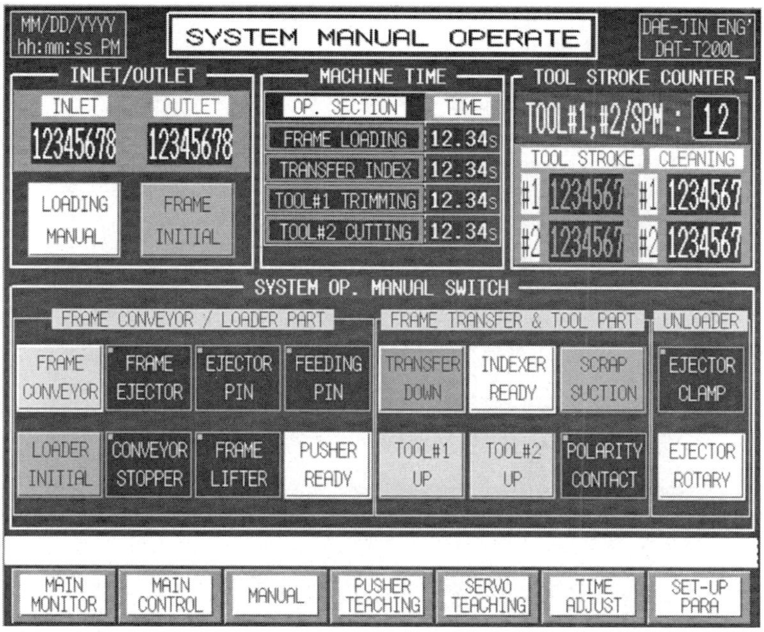
MM/DD/YYYY
hh:mm:ss PM
SYSTEM MANUAL OPERATE
DAE-JIN ENG'
DAT-T200L
INLET/OUTLET
INLET
OUTLET
12345678
12345678
LOADING MANUAL
FRAME INITIAL
MACHINE TIME
OP. SECTION
TIME
FRAME LOADING 12.34s
TRANSFER INDEX 12.34s
TOOL#1 TRIMMING 12.34s
TOOL#2 CUTTING 12.34s
TOOL STROKE COUNTER
TOOL#1,#2/SPM : 12
TOOL STROKE
CLEANING
#1 1234567 #1 1234567
#2 1234567 #2 1234567
SYSTEM OP. MANUAL SWITCH
FRAME CONVEYOR / LOADER PART
FRAME TRANSFER & TOOL PART
UNLOADER
FRAME CONVEYOR
FRAME EJECTOR
EJECTOR PIN
FEEDING PIN
TRANSFER DOWN
INDEXER READY
SCRAP SUCTION
EJECTOR CLAMP
LOADER INITIAL
CONVEYOR STOPPER
FRAME LIFTER
PUSHER READY
TOOL#1 UP
TOOL#2 UP
POLARITY CONTACT
EJECTOR ROTARY
MAIN MONITOR
MAIN CONTROL
MANUAL
PUSHER TEACHING
SERVO TEACHING
TIME ADJUST
SET-UP PARA

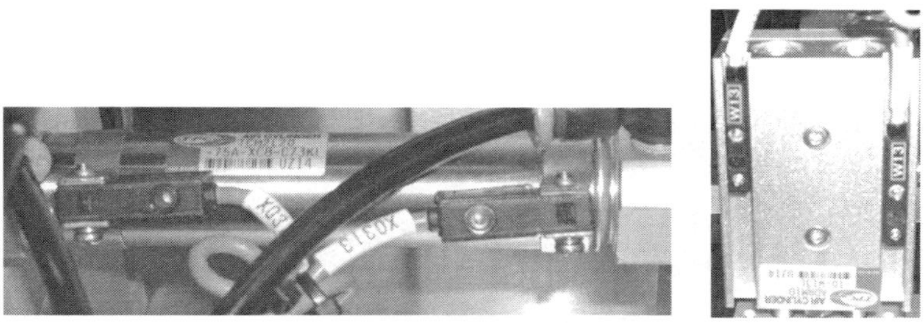

[그림 8-1] 리미트 스위치

마. "pusher teaching 모드" 모드 화면

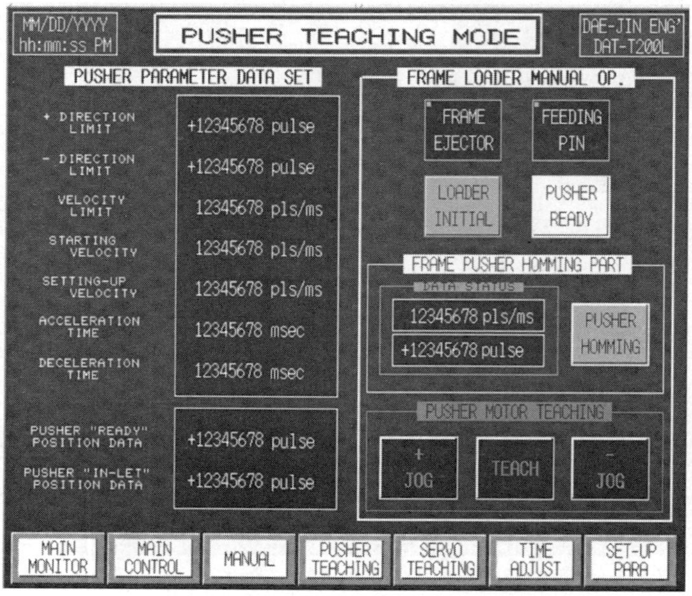

[그림 8-2] 실제 화면

[그림 8-3] 밀개 모터

① 이 모드는 "pusher teaching 모드"이며 정지 상태에서만 수동 스위치가 동작된다.

② 밀개의 핀 삽입위치와 이송량을 프로그램으로 정밀하게 조정할 수 있다.

③ 하단의 +조그(jog) 및 −조그 스위치를 이용하여 설정된 위치에서 반드시

프로그램을 누르면 현재 위치 값이 입력이 된다. 입력된 후에는 반드시 설정 모드에서 데이터 저장을 입력해야 된다.

용 어	설 명
+direction limit	정방향 최대 위치 영역 설정
−direction limit	역방향 최대 위치 영역 설정
velocity limit	출력 펄스의 속도 설정
starting velocity	동작 시동 속도 설정
setting up velocity	위치제어 속도, 원점탐색, 조그 보내기 동작 속도를 설정
acceleration time	가속시간 설정
deceleration time	감속시간 설정
pusher “ready” position data	밀개 모터의 시작 위치 설정
pusher “in-let” position data	밀개 모터의 인입 위치 설정

display	function
FRAME EJECTOR	프레임 이젝터 동작 키
FEEDING PIN	피딩 핀 동작 키
LOADER INITIAL	로더부 초기화 키
PUSHER READY	밀개 모터의 시작 및 인입 위치 동작 키
DATA STATUS 12345678 pls/ms +12345678 pulse	밀개 모터의 ms당 속도 및 현재 위치 표시
SERVO HOMMING	밀개 모터 홈 위치 재설정 키
+ JOG	밀개 모터 역방향 미세 동작 키
TEACH	조그 조종 후 위치 저장 키
− JOG	밀개 모터 역방향 미세 동작 키

(주의 : 밀개 모터의 동작은 센서 및 파라미터 값에 의해 동작되므로 초기 장비 출하 시 설정된 파라미터 값과 센서 위치를 변경할 때는 제품의 생산성을 낮추거나 오동작할 수 있는 원인이 될 수 있으니 센서의 위치 변경 및 파라미터 값 변경은 충분한 교육을 받은 운용자에 의해 이루어질 수 있도록 한다)

바. "transfer teaching 모드" 모드 화면

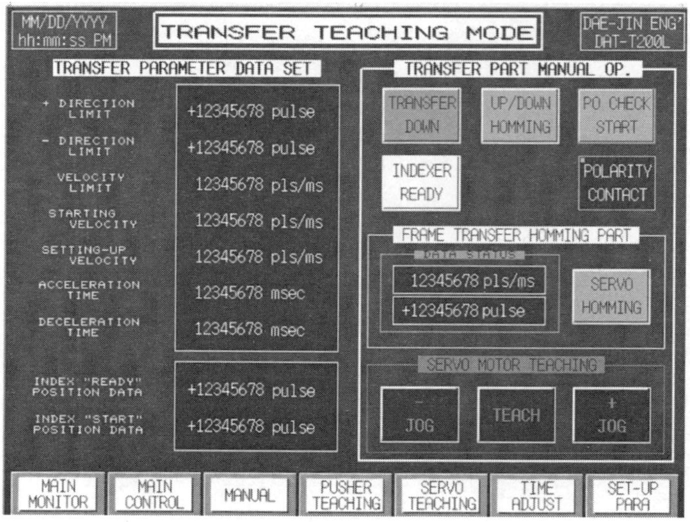

[그림 8-4] 밀개 모터

[그림 8-5] 이송 서보 모터

[그림 8-6] 상하 모터

① 이 모드는 “transfer teaching 모드”이며 정지 상태에서만 수동 스위치가 동작된다.

② 서보 핀 삽입위치와 이송량을 프로그램으로 정밀하게 조정이 가능하다.

③ 하단의 +조그 및 －조그 스위치를 이용하여 설정된 위치에서는 반드시 프로그램를 눌러 현재 위치 값을 입력한다. 입력한 후에는 반드시 설정 모드에서 데이터를 저장한다.

용 어	설 명
+direction limit	정방향 최대 위치 영역 설정
－direction limit	역방향 최대 위치 영역 설정
velocity limit	출력 펄스의 속도 설정
starting velocity	동작 시동 속도 설정
setting up velocity	위치제어 속도, 원점서치, 조그 보내기의 동작 속도를 설정
acceleration time	가속시간 설정
deceleration time	감속시간 설정

display	function
TRANSFER DOWN	이송 상하 모터 동작 키
UP/DOWN HOMMING	상하 모터 홈 위치 재설정 키
PO CHECK START	극성 점검 시작 키
INDEXER READY	이송 서보 모터 시작 및 인입 위치 동작 키
POLARITY CONTACT	접촉 블록 상하 동작 키
DATA STATUS 12345678 pls/ms +12345678 pulse	서보 모터의 ms당 속도 및 현재 위치 표시
SERVO HOMMING	서보 홈 위치 재설정 키
+ JOG	서보 모터 정방향 미세 동작 키
TEACH	조그 저장 후 위치 저장 키
－ JOG	서보 모터 역방향 미세 동작 키

(주의 : 서보 모터 동작은 센서 및 파라미터 값에 의해 동작되므로 초기 장비 출하 시 설정된 파라미터 값과 센서 위치를 변경할 때는 제품의 생산성을 낮추거나 오동작할 수 있는 원인이

될 수 있으니 센서의 위치 변경 및 파라미터 값 변경은 충분한 교육을 받은 운용자에 의해 이루어질 수 있도록 한다)

사. "M/C operation set-up" 모드 화면

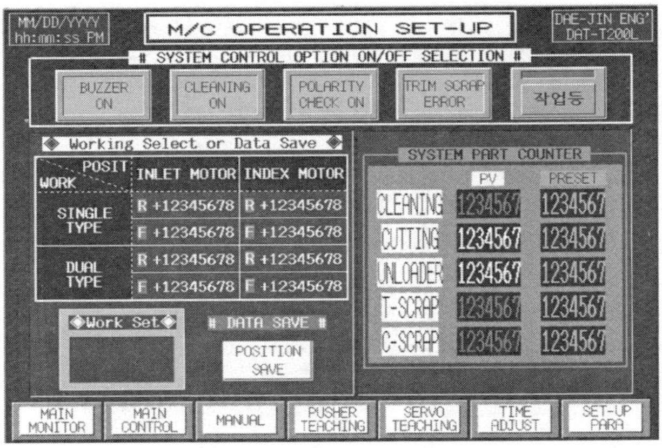

display	function
	부저 ON/OFF 키
	클리닝 ON/OFF 키
	극성 점검 ON/OFF 키
	트림 스크랩 에러 표시 ON/OFF 키
	작업등 ON/OFF 키
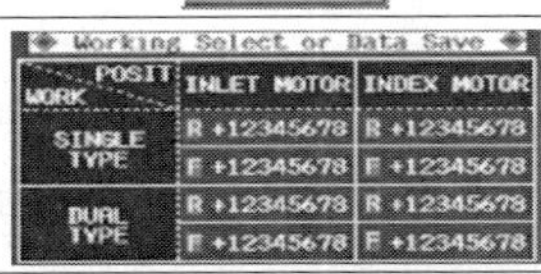	작업설정 및 모터 위치 저장 화면
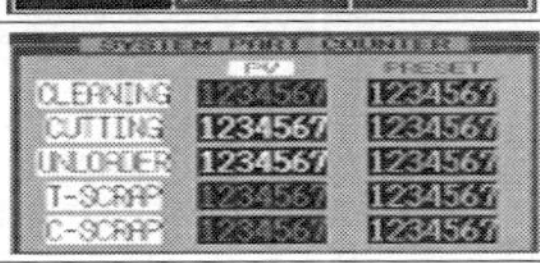	제품 카운터 설정 및 리셋화면 PV값을 리셋 시 리셋하고자 하는 값에 터치화면을 2~3초간 누른다.

① 장비를 오토 및 매뉴얼로 운영하는데 있어 장비에 옵션 요소들의 사용여부를 설정할 수 있다.

② 모터 위치를 저장할 수 있다.

③ 제품 카운터를 리셋 및 확인할 수 있다.

아. "motion parameter set" 모드 화면

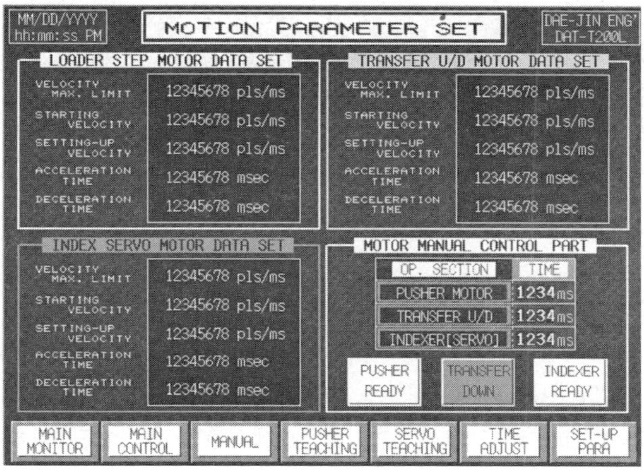

① 밀개 모터, 상하 이송 모터, 이송 서보 모터의 파라미터 값을 한 화면에서 설정할 수 있다.

② 밀개 모터의 준비 및 인렛 위치와 이송 서보 모터의 준비 및 시작 위치는 각 "teaching" 모드에서 한다.

(주의 : 각 모터의 동작은 센서 및 파라미터 값에 의해 동작되므로 초기 장비 출하 시 설정된 파라미터 값과 센서 위치를 변경할 때는 제품의 생산성을 낮추거나 오동작할 수 있는 원인이 될 수 있으니 센서의 위치 변경 및 파라미터 값 변경은 충분한 교육을 받은 운용자에 의해 이루어질 수 있도록 한다)

자. "system time adjustment" 모드 화면

장비 운용에 있어 자동으로 동작 시 꼭 설정해줘야 하는 부분이며 단위 S는 (초)이다.

(주의 : 초기 장비 출하 시 설정된 파라미터 값을 변경할 시 제품의 생산성 감소나 오동작할 수 있는 원인이 될 수 있으니 주의하고 충분한 교육을 받은 담당자가 운용할 수 있도록 한다)

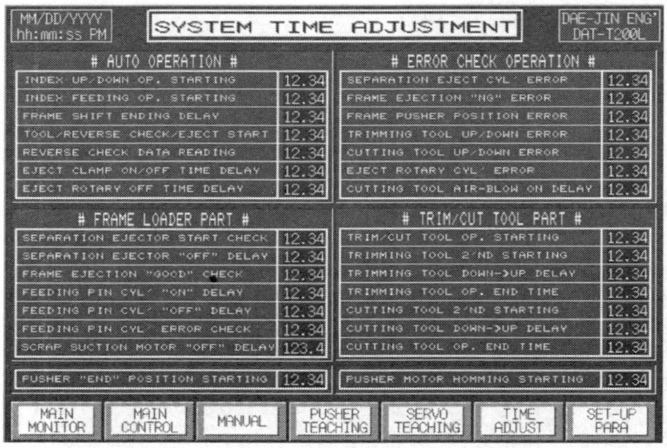

Frame Loader Part

용 어	설 명
separation ejector start check	분리 이젝터 동작 감지시간 설정
separation ejector “OFF” delay	분리 이젝터 OFF 지연시간 설정
frame ejection “good” check	프레임 이젝션 Good 감지시간 설정
feeding PIN CYL' “ON” delay	피딩핀 실린더 ON 동작 지연시간 설정
feeding PIN CYL' error check	피딩핀 실린더 LS 미감지 에러 시간 설정
scrap suction motor “OFF” delay	장비가 미동작시 스크랩 모터의 자동꺼짐 시간 설정
pusher “END” position starting	밀개 모터 엔드 위치 시작 시간 설정
pusher motor homming starting	밀개 모터 홈위치 시작 시간 설정

Error Check Operation

용 어	설 명
separation eject CYL' error	분리 이젝트의 LS 미감지 에러 시간 설정
frame ejection “NG” error	프레임 이젝션의 NG 에러 표시 동작시간 설정
trimming tool Up/Down error	트리밍 툴의 업/다운 센서 미감지 에러 시간 설정
cutting tool Up/Down error	커팅 툴의 업/다운 센서 미감지 에러 시간 설정
eject rotary CYL' error	이젝트 로터리 실린더 LS 미감지 에러 시간 설정
cutting tool air-blow ON delay	커팅 툴의 에어 브로어 ON 지연시간 설정

TRIM/CUT tool part	
용 어	설 명
TRIM/CUT tool OP. starting	트리밍/커팅 툴의 동작 시간 설정
trimming tool 2'ND starting	트리밍 툴의 2차 동작 시간 설정
trimming tool Down-> up delay	트리밍 툴의 다운 위치에서 업 위치로 동작 지연시간 설정
trimming tool OP. END time	트리밍 툴의 동작 완료 지연시간 설정
cutting tool 2'ND starting	커팅 툴의 2차 동작 시간 설정
cutting tool down->up delay	커팅 툴의 다운 위치에서 업 위치로의 동작 지연시간 설정
cutting tool OP. END Time	커팅 툴의 동작 완료 지연시간 설정

차. 에러 표시모드 화면

① 장비를 운영하는 도중에 오류가 발생하게 되면 타워램프에 빨간불이 점등이 되며 부저가 울리게 된다.

② 곧바로 에러 표시화면이 나타나게 되고 에러 부분과 원인에 따른 조치사항 등이 모니터 상에 표시된다.

③ 시스템 에러 표시

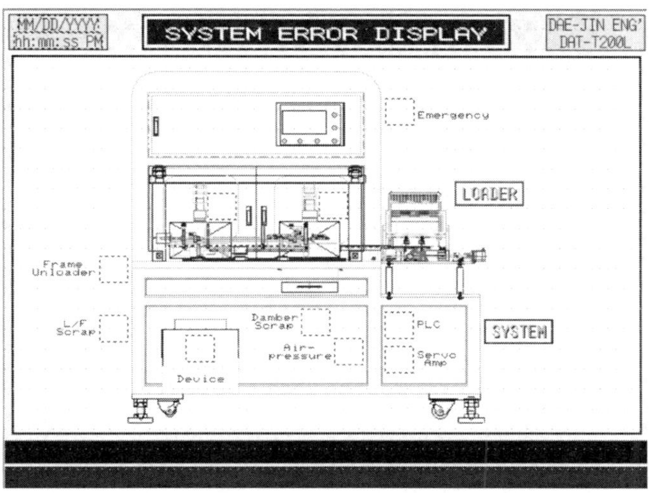

오류 메시지	대 처 방 안
emergency stop error!!!(비상정지 알람 발생)	동작 패널의 비상정지 스위치를 해제시키시오.
air-pressure down !!!(air 압력 이상 발생)	주 에어 압력을 확인바람(압력 스위치 확인 및 설정)
main servo motor의 controller module error!!!	서보 제어기[MR-40A] 알람 No. 확인 및 입력배선 상태를 점검하시오.
main PLC[F3SP28-0S] controller alram 발생하였습니다.	전원을 끈 후 5초 후 다시 켜시오(설비 제작 업체에 문의하시오).
trimming tool stroke가 cleaning counter의 설정 횟수만큼 완료됨.	트리밍 툴을 청소하시오 또는 절단 부분의 품질 상태를 확인하시오.
cutting tool stroke가 cleaning counter의 설정 횟수만큼 완료됨.	커팅 툴을 청소하시오 또는 절단 부분의 품질 상태를 확인하시오.
L/Frame cutting 작업 완료됨. L/Frame cutting counter 설정 횟수만큼 완료됨.	제품 완료 Box를 비우시오(LOT 완료 처리하시오).
L/Frame unloading 작업 완료됨. L/Frame eject counter 설정 횟수만큼 완료됨.	리드 프레임 언로딩의 제품을 비우시오(카운터는 자동으로 리셋됨).
trimming 작업 scrap counter의 설정된 횟수만큼 완료됨(full error).	설비 전면의 트리밍 작업 스크랩 박스를 비우시오.
cutting 작업 frame scrap counter의 설정된 횟수만큼 완료됨(full error).	설비 후면의 커팅작업 프레임 스크랩 박스를 비우시오.

④ 엑추에이터 에러 표시

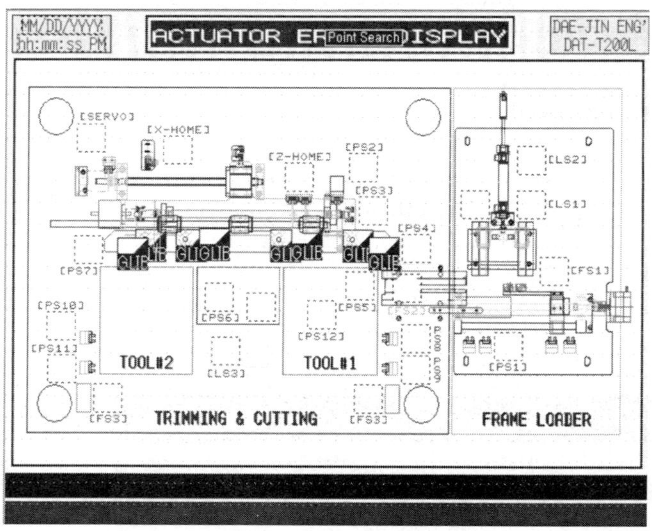

오류 메시지	대 처 방 안
frame loader의 separator cylinder error.(또는 LS1 센서 오류)	분리 실린더의 LS1 센서를 조정하시오(또는 에어 조정 및 배선확인).
frame loader의 separator cylinder error.(또는 LS2 센서 오류)	분리 실린더의 LS2 센서를 조정하시오(또는 에어 조정 및 배선확인).
frame loader의 separation 동작(jamming) error(또는 FS1 센서 오류).	프레임의 걸림 상태 및 분리 동작 확인(또는 FS1 센서 감도 조정)
frame present check 또는 이송 pin 동작 jamming error(또는 FS1 센서).	프레임의 걸림 및 이송핀 동작 또는 센서 위치 및 감도 조정(리드 프레임 제거)
frame pusher(인입) motor 위치 check error(또는 home, PS1 센서 오류).	인입 동작 중 걸림 확인 및 센서(PS1) 위치 조정(리드 프레임 제거)
tool부 광전 센서(FS3) check error. emergency stop!!	광전 센서(FS3) 동작 확인 및 위험 요소를 제거하시오(주의바람).
transfer table up/down motor home check error(home data reset error)	모터의 원점 동작을 실행하거나 전원을 ON/OFF 하시오.
transfer table "up" 위치 센서(PS2) check error(또는 PS2 센서 오류).	이송 테이블 "up" 위치 센서(PS2)를 조정하시오.(또는 센서 동작 확인)
transfer table "down" 위치 센서(PS3) check error(pin miss check).	이송 테이블 "down" 위치 센서(PS3) 조정 및 걸림 제거(센서 확인)
transfer table 이송중 jamming check error(또는 PS4~PS7 센서 오류).	프레임 이송 중 걸림. 센서 조정 및 프레임을 무조건 제거하시오(센서 확인).
transfer table 이송 motor home check error(home data reset error).	서보 모터의 원점 동작을 실행하거나 전원을 ON/OFF하시오.
transfer table 이송 motor "위치 완료" 신호 check error(또는 amp 오류)	서보 모터 제어기 및 PLC 에러이다. 전원을 ON/OFF 하시오.
trimming tool(#1) "up" 센서(FS8) check error(또는 FS8 센서 오류).	tool(#1)을 조립 또는 센서(FS8) 및 바를 조정하시오(센서 확인).
trimming tool(#1) "down" 센서(FS9) check Error. (또는 FS9 센서 오류)	tool(#1) 위치를 확인 또는 센서(FS9) 및 바를 조정하시오(센서 확인).
cutting tool(#2) "up" 센서(FS10) check error(또는 FS10 센서 오류).	tool(#2)을 조립 또는 센서(FS10) 및 바를 조정하시오(센서 확인).
cutting tool(#2) "down" 센서(FS11) check error(또는 FS11 센서 오류).	tool(#2) 위치를 확인 또는 센서(FS11) 및 바를 조정하시오(센서 확인).
frame "reverse" trimming check 감지 error(또는 극성 check 오류).	역삽입인지를 확인하고 프레임을 무조건 제거하시오(접촉 동작 확인).
trimming tool(#1) "TOP" location pin check error(또는 PS12 센서 오류).	프레임 위치가 틀어짐. 또는 "TOP" 위치 핀 센서를 조정(센서 확인)
frame 인입 buffer "역삽입" 감지 error(또는 FS2 센서 오류).	인입 버퍼 "역삽입" 감지를 확인하고 무조건 제거하시오(센서 확인 바람).

제3절 실습순서

1. 전원을 켠다.

2. 몰드된 LED를 리드 프레임 로더 위에 올려놓는다.

3. “pusher teaching 모드”에서 밀개의 핀 삽입 위치와 이송량을 정밀하게 조정하여 준다(정비 상태에서만 수동 스위치가 동작하므로 주의한다).

4. [그림 8-2]의 화면 중 우측 하단의 “pusher motor teaching” 부의 +jog 및 −jog 터치 버튼을 이용하여 밀개의 정확한 삽입 위치를 결정하고 현재 위치 값을 입력한다.

5. 위치 값을 입력한 뒤에는 반드시 설정 모드에서 이 데이터를 저장한다.

6. “transfer teaching 모드”에서 서보 핀 삽입 위치와 이송량을 정밀하게 조정하여 준다(정비 상태에서만 수동 스위치가 동작하므로 주의한다).

7. [그림 8-4]의 화면 중 우측 하단의 “servo motor teaching” 부의 +jog 및 −jog 터치 버튼을 이용하여 서보 핀의 정확한 삽입 위치를 결정하고 현재 위치 값을 입력한다.

8. 위치 값을 입력한 뒤에는 반드시 설정 모드에서 이 데이터를 저장한다.

9. “M/C operation setup”부에서 장비의 수동/자동 가동에 필요한 옵션의 사용여부를 설정한다.

10. 제품 수를 확인하는 카운터를 리셋한다.

11. “system manual operate” 화면에서 “loading auto”나 “loading manual” 버튼이

있으면 터치하여 “loading auto” 모드로 바뀌질 때까지 터치한다.

12. 자동 모드로 장비를 가동하기 전에 “system time adjustment” 부에서 장비 가동시간을 반드시 설정해준다.

13. LCD 아래에 있는 “ready” 버튼을 누른다.

14. “start” 버튼을 누른다.

15. 실습순서에 따른 실습보고서를 작성한다.

16. 정리정돈한다.

제 9 장

LED 핸들러

실습 과제명	LED 핸들러(bulk test hendler)			
목 표	① LED 핸들러의 각종 키 사용법을 익힌다. ② LED 핸들러의 사용법을 익힌다. ③ LED 핸들러 장비 사용법을 익혀 실제 LED를 측정, 분류해 본다.			
장비 및 공구	소요재료	규격	수량	안전 및 유의사항
- handler - PLC	- LED lamp - 제품 구별 상자	5Ø	100개	① 장비 사용 시 공압과 전원투입을 확인하고, 무리한 힘을 가하여 장비가 파손되지 않도록 한다. ② 장비사용법을 정확히 이해하고 사용하도록 한다.

제1절 관계 지식

1. 개 요

이 장비(Model : DATH-B500)는 feeder를 통해 자동으로 공급된 LED를 테스트 장비로 극성 check 및 발광조도를 check하여 인덱스 turn table에 1개씩 공급하여 계측된 극성 및 발광특성에 따라 각각의 배출을 자동으로 하는 설비로 생산품 상태의 LED 램프를 일정 방향으로 자동 공급하여 전기적 특성 및 광량을 테스트하고 테스트된 상자 데이터별로 분류(40상자)하는 장비이다.

가) 구동 motor(주축 CAM)의 속도를 외부에서 조정
① 외부 볼륨으로 속도 조절
② 감속 Pulley {모드L : AK-124(SAM BU)} handle을 가변하므로 속도가 제어

나) touch screen을 사용하여 조작 또는 이상 발생 시 이상 부위를 표시

다) 극성 측정 후 자동으로 역 삽입된 제품 반전

라) 부품 교환 및 수리가 용이

2. 주요 제원

① 입력 전원 : AC 220V, 3상, 60Hz
② 공압원 : 5kg/cm^2, 에어
③ 제어 : PLC(master-K200S, LG 산전), encoder 응용하여 M/C 각도를 touch screen에서 설정하는 시스템

3. 장비 설치 방법

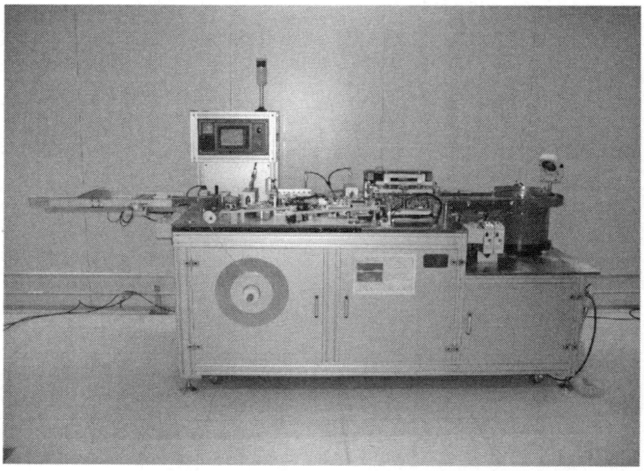

[그림 9-1] LED 핸들러

① 장비를 배치한 후 장비 하단에 있는 고정용 스토퍼(4개소)를 조정하여 수평 상태를 확인하고 스토퍼 유닛을 고정한다.
② 공급기 프레임은 주 프레임 상에 클램프 실린더 위치에 맞게 배치한 후 스토퍼(4개소)를 조정하여 높이를 공급 레일보다 약간 높게 조정한다.
③ 주 에어를 연결한다.
- air hose 규격 : 내경 ϕ6, 외경 ϕ8

④ 주 전원을 연결한다.
- 전선 규격 : 1.25mm^2/4P
- 녹색은 접지로 연결한다.

제2절 장비사용법

1. 장비 각 부 설명

가. 장비 통신방법

[그림 9-2]는 master-K(PCL) 통신방식을 나타낸 것이다.

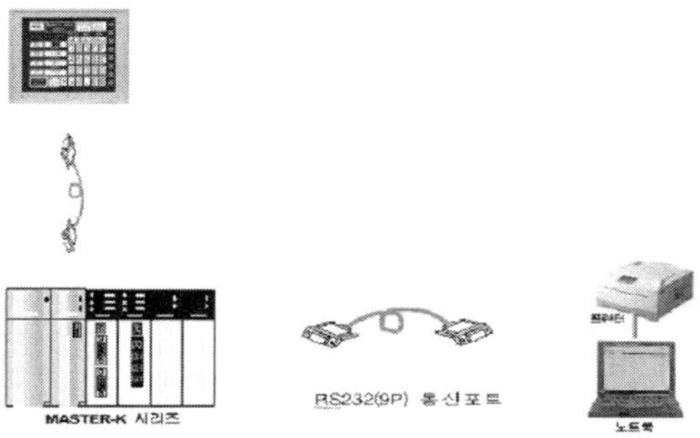

[그림 9-2] maste-k 시리즈 통신방식

〈표 9-1〉 PLC 핀 번호

Pin NO.	signal	contents
2	SD	RS-232C send data
3	RD	RS-232C receive data
7	SG	signal ground

나. 전원부

〈표 9-2〉 전원부

분 류	규 격
main power	AC 220V ± 10%(단상) 50/60Hz
용 량	2 KVA
feeder power	AC 220V 50Hz 전용
D.C power	외부(power supply)에 의해 공급
touch screen power	DC 24V(P24V, PN)
solenoid valve	DC 24V

- 주위 환경 : 0~40℃
  10~80% RH(이슬 맺힘이 없을 것)
  부식성 가스가 없을 것, 분진이 없을 것
  주위에 고압 기기가 있는 장소는 피할 것

다. inverter 제어부

〈표 9-3〉 인버터 제어부

단자 기호	단자 명칭	내용 설명
STR	정회전 시동	STF 신호 on으로 시동(사용)
STR	역회전 시동	STR 신호 on으로 시동(미사용)
RH, RM, RL	다단계 속도선택	RH, RM, RL신호의 조합에 따라 다단계 인버터 출력이 정지(RL 사용)
MRS	출력정지	MRS 신호를 on하면 인버터 출력이 정지된다(미사용).
RES	리셋(reset)	보호회로 동작시 유지상태를 해제시킬 때 사용(미사용)
SD	접점입력공통	DC 24V 0.1A전원출력 (PC)공통단자(미사용)
PC	전원출력 및 외부 트랜지스터공통단자	단자 PC-SD간에 DC 24V 0.1A의 전원출력이 사용 가능하게 한다(사용).
10	주파수설정용 전원	DC 5V 허용부하전류(미사용)
2	주파수설정(전압)	DC 0~5V를 입력할 경우 5V에서 최대출력주파수가 되어 입·출력은 비례한다(미사용).
4	주파수설정(전류)	DC 4~20mA를 입력할 경우 20mA에서 최대출력주파수가되어 입·출력은 비례한다(미사용).
5	주파수설정 공통	주파수설정신호 공통단자(미사용)
A, B, C	이상출력	인버터의 보호기능이 동작되어 출력이 정지되었음을 나타내는 1C 접점 출력(미사용)
Run	인버터 가동 중	인버터 출력주파수가 가동주파수 이상이면 L레벨로 된다(미사용).
FU	주파수검출	출력주파수가 임의 설정한 검출주파수 이상일 경우 L 레벨, 이하는 H레벨로 된다(미사용).
SE	오픈컬렉터	단자 run, FU의 공통단자(미사용)
FM	표시계용	출력주파수가 모터전류 및 출력전압 가운데 하나를 선별하여 출력한다(미사용).
-	PU 커넥터	RS-485에서의 통신이용시 (미사용)

M/C 사용 단자접속시 유의사항

- R.S.T(전원입력) : 상용 전원에 접속
- UVW(인버터 출력) : 3상 유도장치에 접속

- STF(정회전 시동) : motor run signal
- PC(전원출력 및 외부 트랜지스터 공통단자) : 전원 출력 단자

라. parameter 일람

MF-H-TAPING M/C Parameter Setting 상태

- Pr.7 가속시간 : 1.5sec
- Pr.8 감속시간 : 0sec
- Pr.79 가동 모드의 선택 : 2

〈표 9-4〉 파라미터 일람

Pr79 설정	기 능		
0	전원입력 시, 외부가동 모드로 됨		
1	가동 모드	가동 주파수	가동 신호
	PU가동 모드	내장주파수설정 볼륨	조작 패널 Run키
2	외부가동 모드	외부신호입력	외부신호입력 (STF, STR)
3	외부/PU병용 가동 모드1	내장주파수설정 볼륨, 조작 패널키 조작 설정	외부신호입력 (STF, STR)
4	외부/PU병용 가동 모드2	외부신호의 입력	조작 패널 Run키
7	외부가동 모드(PU가동 인터록)		
8	외부가동 모드 이외로의 변환		

마. 조작 패널

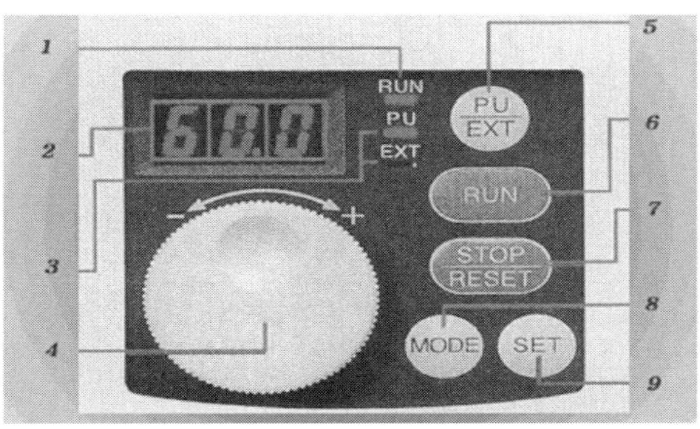

[그림 9-3] 조작 패널

① Run 표시 : 운전상태 표시
② 모니터용 3자리 LED : 파라미터 번호, 설정값 표시
③ PU표시, EXT키 표시 : 운전 모드 표시
④ M 다이얼 : 주파수설정, 파라미터 설정 변경
⑤ PU/EXE 키 : 운전 모드변환
PU는 조작 패널 운전 모드, EXE는 외부운전 모드
⑥ RUN키 : 정전(파라미터 설정에 의해 역전으로 변경가능)
⑦ STOP/RESET키 : 정지/리세트(알람시)
⑧ 모드키 : 설정 모드 변환
⑨ SET키 : 주파수설정, 파라미터 설정 확정

바. 모니터, 주파수설정

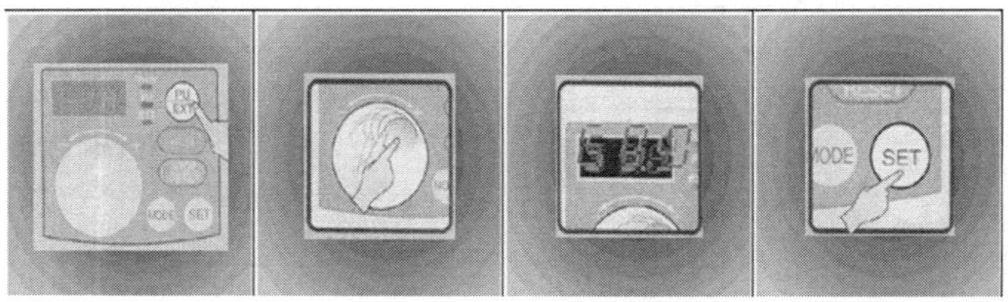

[그림 9-4] 모니터 주파수설정

① PU/EXT키를 눌러 PU 표시로 해준다.
② M 다이얼을 돌린다.
③ 희망하는 주파수 설정이 표시된다.
④ 다이얼 조작 후 SET키를 누른다.
* 주파수설정, 쓰기 완료

사. 파라미터 설정

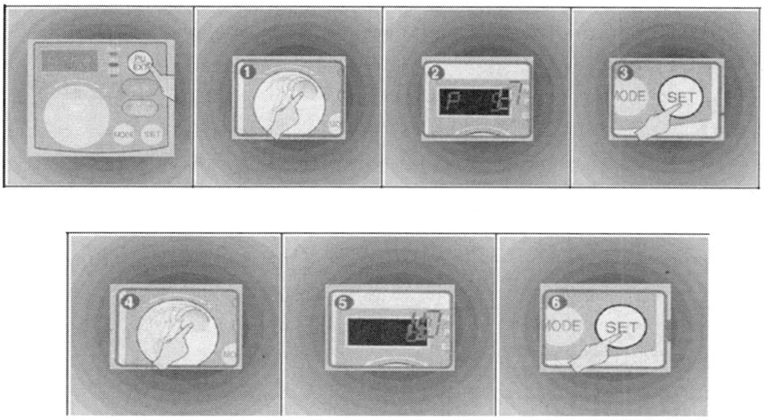

[그림 9-5] 파라미터 설정

① PU/EXT키를 눌러 PU 표시로 하고 M 다이얼을 돌린다.
② 파라미터 번호가 설정된다.
③ 다이얼 조작 후 SET키를 누른다. 현재 설정되어 있는 번호가 읽혀진다.
④ M 다이얼을 돌린다.
⑤ 희망하는 설정값이 표시된다.
⑥ 다이얼 조작 후에 SET키를 누른다.
⑦ 파라미터 설정 완료

M다이얼을 돌려 다음으로 변경하고자 하는 파라미터 번호를 설정.

출력, 변경 설정 변경 완료 후에는 모드키 1회 누르면 일람 이력, 모드키 2회를 누르면 주파수 설정화면으로 return한다.

PU/EXT키를 눌러 PU 표시로 해준다.

2. 조작 패널 기능

가. 메인 화면

touch 화면은 10개의 표시화면으로 되어 있으며 screen 1은 본 M/C의 logo screen을 나타낸 것이다. touch 화면은 10개의 표시화면으로 logo screen, 운전 설정 screen, valve 수동 동작 screen , 운전 실행 screen, bin counter screen, PLC IN/OUT screen massage runner screen, not interface screen, memo note screen, 각도 설정 이동 screen이다. operator가 희망하는 화면을 one touch 하게 되면 그림과 같이 다음 화면으로 이동된다.

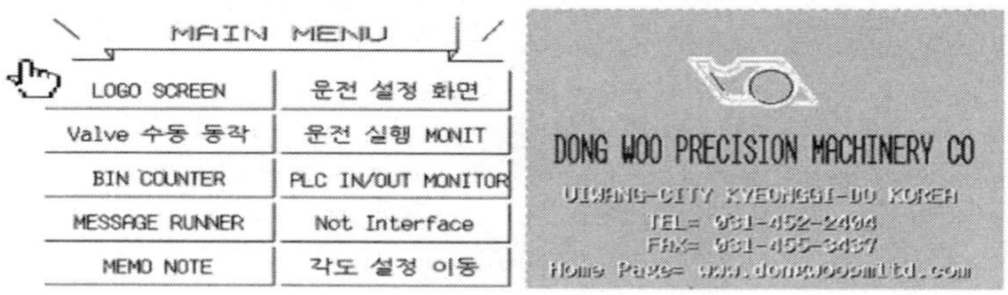

[그림 9-6] 메인 메뉴 화면

[그림 9-6]을 한번 터치하면 다시 메인 화면으로 이동하게 된다.

나. 운전 실행 화면(working screen)

운전 실행에 필요한 각종 카운터, 속도, 지연 시간 등을 설정/표시한다.

[그림 9-7] 운전 실행 화면

(1) display

운전 가동 시간	12345678

- tapping 가동 시간을 표시한다. reset area touch 후 reset

(2) Counter

total counter	PV 12345678

현재 진행되는 수량을 표시한다. touch하면 현재 수량은 reset된다.
- PV(Present Value) 값은 현재 수량을 나타낸다.

tester bin	12	수동 측정

tester되고 있는 bin box의 번호를 display한다.
- contact을 강제로 삽입시킴으로써 제품을 수동으로 측정할 수 있게 한다.

(3) timer

피더 공급 부족	SV 12	PV 12

Feeder부에 제품이 설정한 시간(SV)만큼 도달하지 않을 때 message로 작업자에 알린다.
- PV(Present Value) 값을 touch하면 현재 수량은 reset된다.
- SV(Setting Value) 값을 touch하면 10키 화면이 생기며 설정값을 입력할 수 있다.

연속 공급 부족	SV 12	PV 12

제품 공급부에 제품이 설정한 시간(SV)만큼 도달하지 않을 때 message로 작업자에 알린다.
- PV(Present Value) 값을 touch하면 현재 수량은 reset된다.
- SV(Setting Value) 값을 touch하면 10키 화면이 생기며 설정값을 입력할 수 있다.

bowl F-timer	12

linear feeder에 위치한 센서(어드레스 : P0A)에 제품이 감지되지 않을 때 설정 시간만큼 bowl feeder이 동작한다(단위 0.1sec).

hopper timer	12

bowl feeder에 위치한 센서(어드레스 : P0B)에 제품이 감지되지 않을 때 설정 시간만큼 hopper가 동작한다(단위 0.1sec).

(4) 스위치

main menu 화면으로 이동한다.
운전 설정 화면으로 이동한다.

(5) Data Set 방법

working screen data(SV)와 time치를 setting할 수 있는 화면을 나타낸다.
[그림 9-8]은 10키 area(SV영역)을 나타낸 것이다.

[그림 9-8] 10키 area(SV 영역)

[그림 9-9]는 10키 입력 창을 나타낸 것이다.

[그림 9-9] 10키 입력 창

SV(Setting Value) 값을 touch하면 오른쪽 화면에 10키 화면이 생기며 설정값을 입력할 수 있다.

예) bowl F-timer 1SEC 설정 시

SV(Setting Value) touch → 10 touch 후 ENT touch → 10키 화면 사라짐 → 완료 10을 설정하면 1초간 동작한다.

다. 각도 설정 화면(angle setting)

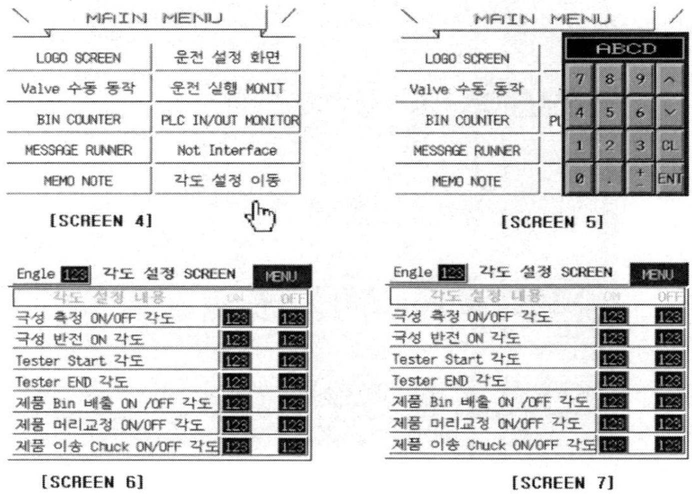

[그림 9-10] 각도 설정 화면

본 M/C의 중요한 부분으로 솔레노이드 및 알람 등 각 part의 동작이 엔코더의 각도에 의해 결정된다.

(1) 각도 입력 순서

가) {Screen 4} main menu에서 각도설정 이동 스위치를 one touch하게 되면 {Screen 5}와 같이 10키 입력창이 생성된다.

나) password(5555)를 기입한 후 ENT를 touch하면 {screen 6}과 같이 10키가 사라지며 password가 setting된다.

다) 작업자가 희망하는 ON/OFF 각도를 touch하면 {screen 7}과 같이 10키 입력창이 재생성된다.

라) 수치 입력 후 ENT키를 마지막으로 각도가 setting된다.

(주의 : 기계의 동작 각도를 올바르지 않게 지정할 경우 기계는 오동작을 일으킨다)

〈표 9-5〉 각도 입력 순서

각 도	function	ON	OFF
극성측정 ON/OFF	극성 측정부가 ON/OFF되는 각도	-	-
극성반전 ON/OFF	극성반전 solenoid valve가 ON/OFF되는 각도	-	-
불량배출 ON/OFF	불량배출 solenoid valve가 ON/OFF되는 각도	-	-
tester start	taster가 start되는 각도	-	-
tester END	taster가 END되는 각도	-	-
제품 bin 배출 ON/OFF	제품 bin 배출 solenoid valve가 ON/OFF되는 각도	-	-
제품 머리교정 ON/OFF	제품 머리교정 solenoid valve가 ON/OFF되는 각도	-	-
제품 이송 check ON/OFF	제품 이송 check이 ON/OFF되는 각도	-	-

(2) PLC I/O monitor

PLC의 입·출력 상태를 표시한다. M/C의 센서, 각 밸브 등의 신호상태를 점검할 수 있다.

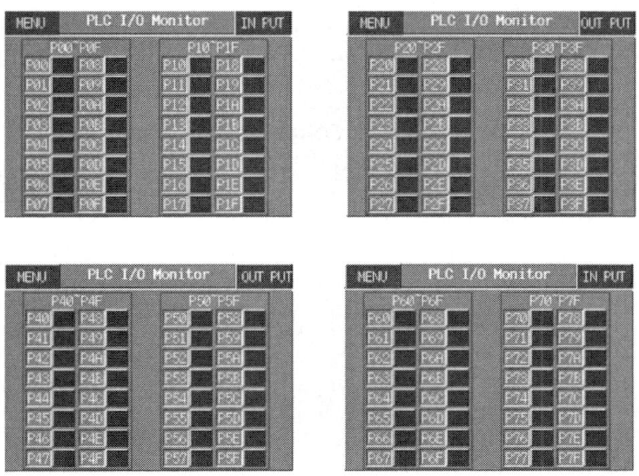

[그림 9-11] PLC I/O moniter

(3) 운전 설정 화면

[그림 9-12] 운전 설정 화면

〈표 9-6〉 운전 설정 화면 내용

single color dual color	1color(single)/2color(dual) select 스위치이다.
머리교정	반전시 제품의 이탈을 방지하기 위해 머리를 교정해주는 스위치이다.
부저	tower lamp의 부저를 ON/OFF한다.
feeder 잔량처리	bowl feeder의 제품을 직진 휘더 및 bowl 휘더 에러 없이 기기를 동작시킬 때 사용하는 스위치이다.
taster 실행	test contact position에서 제품을 contact하여 tester 장비와 M/C와 interface하여 test의 조건만 실행하며 test의 bin data를 연산처리 사용 및 실행하고자 할 때 사용하는 touch 스위치이다.
feeder	feeder main power를 ON/OFF한다.
hopper	hopper main power를 ON/OFF한다.
manual	수동 모드가 선택된다. 이 모드는 자동 운전과 동일한데, 단지 run 스위치를 누르고 있을 때에만 동작한다.
auto	자동 운전 모드가 선택된다. 자동 운전 설정 시 auto 위치에서 깜박인다.

(4) 메모 노트

operator가 작업 시 필요사항 등을 메모할 수 있는 note screen이다.

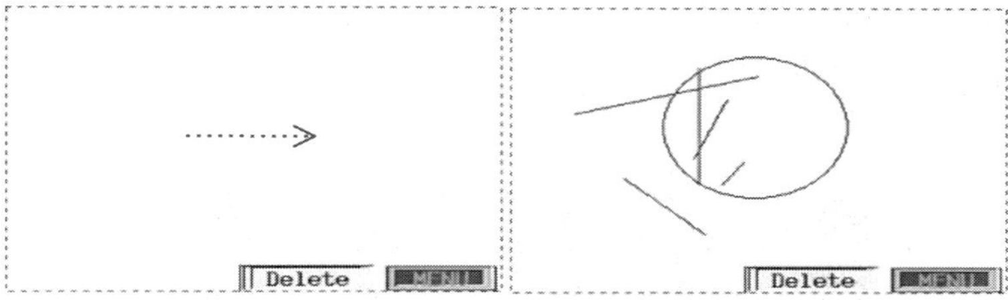

[그림 9-13] 메모 노트

작업자가 기기 동작 중에도 note에 메모사항을 write한 후 clear를 원하면 Delete키를 one touch하면 그림과 같이 screen은 clear 하게 된다.

(5) bin 카운터

bin box의 수량을 원하는 만큼 설정할 수 있고 설정한 만큼의 수량이 되면 장비가 정지하여 제품 수량을 확인할 수 있다.

[그림 9-14] bin counter

box 카운터#1(제품 bin box#1 ~ 제품 bin box#15)

1번 bin box부터 15번 bin box까지의 제품의 설정 counter와 현재 투입되고 있는 counter(PV)를 Display한다.

Box NO.	설정 수량	현재 counter 수량(PV)

counter 설정 방법은 설정 수량을 터치하면 TEN키가 display된다.
TEN키가 display되면 원하는 수량을 설정한 후 ENT키를 터치한다.

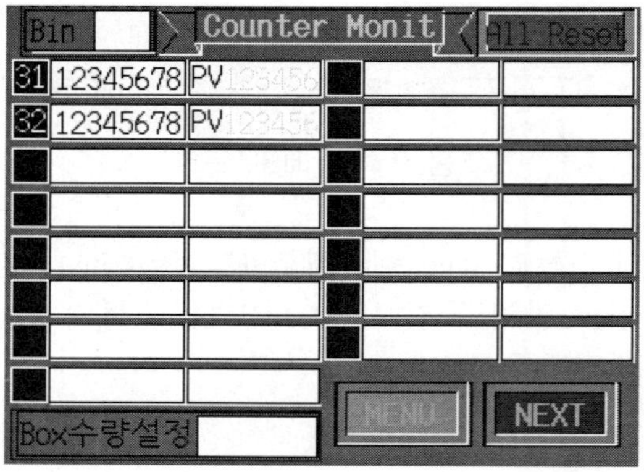

[그림 9-15] 카운터 설정방법 1

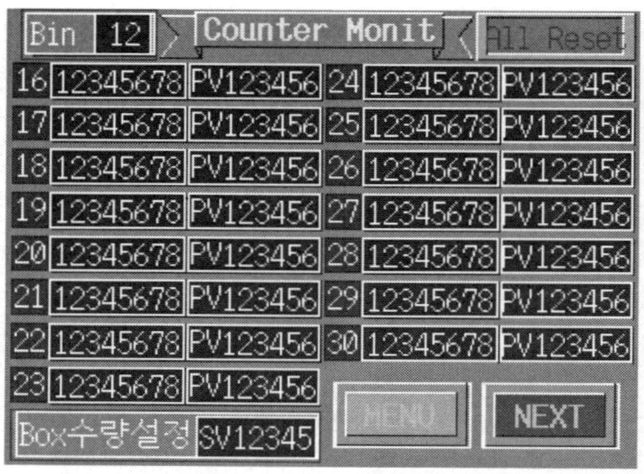

[그림 9-16] 카운터 설정방법 2

box 카운터#2(제품 bin box#16～제품 bin box#30)
16번 bin box부터 30번 bin box까지의 제품의 설정 counter와 현재 투입되고 있는 counter(PV)를 display한다.

box 카운터#2(제품 bin box#31～제품 bin box#32)
31번 bin box부터 32번 bin box까지의 제품의 설정 counter와 현재 투입되고 있는 counter(PV)를 display한다.

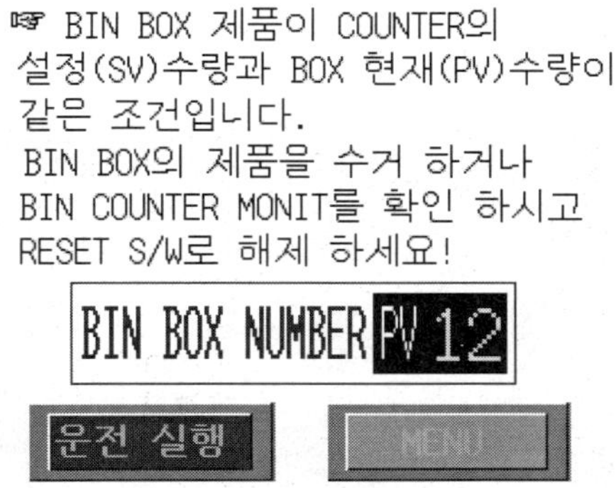

[그림 9-17] BIN Box 해제 화면

설정한 수량만큼 도달되면 위와 같은 massage screen이 떠오르며 작업자에게 작업완료를 알려준다.

massage는 reset 스위치로 해제한다.

(6) valve 수동 동작

1번 배출 valve에서 32번 배출 valve까지 사용자가 수동으로 조작 가능하다.

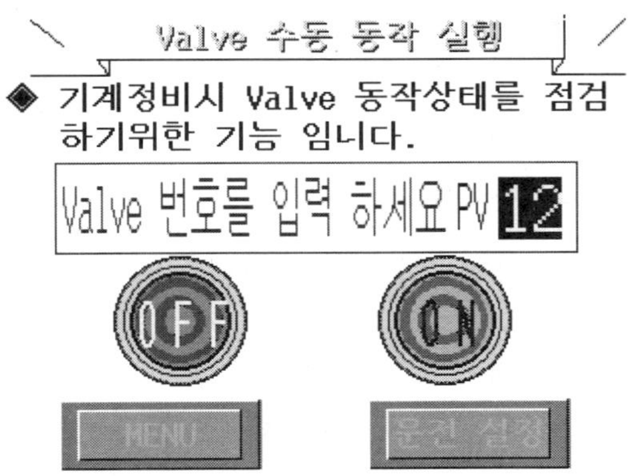

[그림 9-18] Valve 수동 조작

원하는 조작 valve 번호를 입력 후 ON 스위치를 one touch하게 되면 해당 번호 valve가 열리게 된다.

(7) not interface

terser 장비의 interface와 관계없이 bin에 제품을 이송할 경우 사용한다.

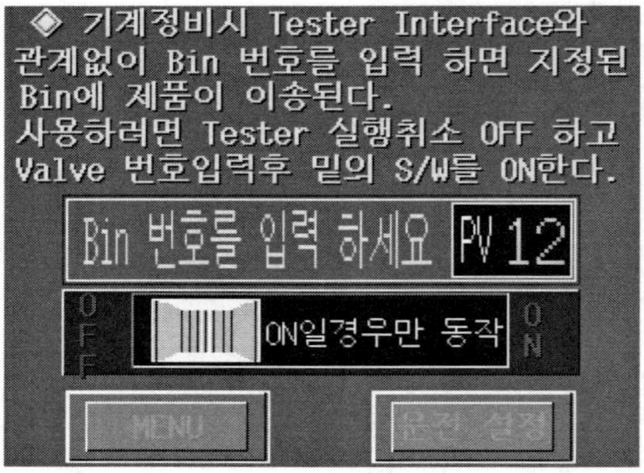

[그림 9-19] not Interface

(8) massage monitor

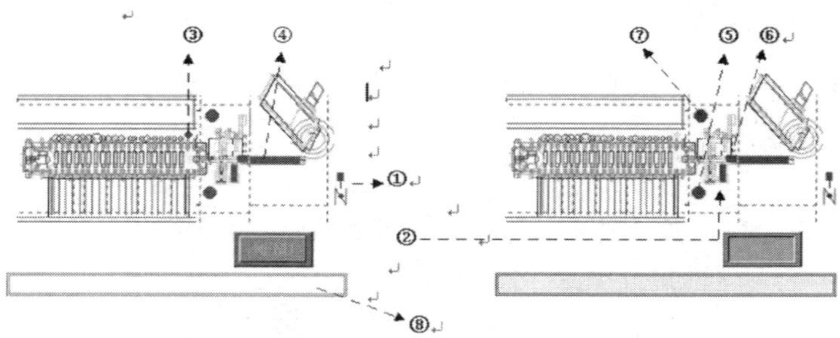

[그림 9-20] 메시지 모니터

기기의 운전 중에 또는 초기에 이상이 발생할 경우 에러/기계상태가 이 영역에 표시, 점멸하며 reset 스위치에 의해 이상이 해제되면 더 이상 점멸하지 않는다. M/C의 정상 상태를 나타내며 Screen 19는 에러 상태를 나타내고 있다.
에러 발생 시 screen 19와 같이 에러 부분이 점등하게 되며 상태를 ⑭에 표시된다.

① 압력 부족 정지 (압력 valve 확인)
② 극성 반전부 연속 불량 정지
③ bin 배출부 제품 배출 over 정지
④ linear feeder 제품 공급 에러

⑤ tester END signal 에러 정지
⑥ 이송 rail 제품 넘어짐 정지
⑦ 비상정지 중
⑧ massage display area(에러/ M/C 상태가 이 영역에 표시, 점멸)

(9) 에러 massage

① 문자 display 내용	압력부족 (압력 밸브 확인)
원 인	대 책
air가 정상 유지 압력보다 낮지 않은가?	air pressre 5~6 kg/㎠로 압력을 유지한다.
air micro 스위치 setting이 압력 높이 만큼 되어 있는가?	air pressre micro 스위치를 driver로 돌려서 압력 높이로 맞춘다.
air pressre check 배선은 이상 없는가?	air pressre check배선 상태를 확인하고 PLC(P04) 입력을 확인한다.

② 문자 display 내용	극성 반전부 연속불량 정지
원 인	대 책
touch screen에서 불량배출 연속 개수가 수치에 도달되지 않았나?	tester 장비 power 확인
tester 스위치가 off되어 있지 않은가?	M/C와 tester 간에 connector 상태 확인한다.

③ 문자 display 내용	bin 배출부 제품배출 over 정지
원 인	대 책
이송 jaw의 상태는 양호한가?	이송 jaw의 이상유무 상태를 확인한다.
제품 배출 over 감지 센서의 trouble은 없는가?	감지 센서를 확인하고 PLC 인입(P0D) 상태를 확인한다.

④ 문자 display 내용	tester END signal 에러 정지
원 인	대 책
tester on 운전 시 taster start 후 END signal 동작은 제대로 하는가?	test 장비가 전원은 on되어 있는지 확인한다.
	M/C와 test 장비간에 connector 상태를 확인한다.

⑤ 문자 display 내용	linear feeder 제품 공급 에러
원 인	대 책
linear feeder의 제품 공급이 정상적 되는지?	linear feeder chute에 제품이 걸리거나 제품 공급 장애를 제거한다.
bowl feeder는 돌고 있는가?	inear&bowl feeder controller power를 확인하고 진동 상태를 확인한다.
bowl feeder에 제품은 있는가?	bowl feeder에 제품공급이 되는지 확인하고 제품이 부족하면 보충한다.
linear feeder 센서는 정상 ON/OFF 하는가?	touch screen의 feeder ON/OFF timer를 확인 조절한다.
bowl Feeder 공급 time이 짧다.	feeder 제어 센서를 확인하고 제품이 있으면 OFF되고 없으면 ON되도록 setting한다. PLC IN PUT(P05) ON/OFF display를 확인한다.

⑥ 문자 display 내용	EMERGENCY stop
원 인	대 책
비상정지 스위치가 lock되어 있다.	M/C를 긴급하게 stop하거나 M/C를 수리 보수시 스위치를 다이얼하면 다이얼된다. reset은 스위치 다이얼을 잡고 시계방향으로 돌리면 된다.

⑦ 문자 display 내용	제품 레일 위치 이탈 정지
원 인	대 책
transfer unit로 제품이 올바르게 공급되지 않고 쓰러지거나 finger부 범위를 벗어났다.	센서(P09) 상태 확인
	transfer unit의 제품 공급상태 확인

3. 조작 스위치

① run 스위치 : 수동 시 이 스위치를 누르면 주 motor가 회전하고 따라서 주변 unit들도 동작 조건이 되면 동작하게 된다.

② 자동 모드에서는 기기가 자동 운전된다.

③ Stop 스위치 : 자동 운전을 정지한다.

④ reset 스위치 : 기기에 발생하는 모든 에러를 해제한다.

⑤ E.M 스위치 : M/C 동작불가 상태가 된다.
⑥ 해제는 E.M 스위치를 CW 방향으로 turn하면 된다.

제3절 실습순서

1. 검사할 LED를 준비한다.

2. 장비의 전원 연결 상태를 확인한다.

3. 장비의 모든 스위치의 위치를 확인한다.
   가. 조작반상에 power 램프가 ON 상태로 조작한다.
   나. air 공급을 ON 상태로 조작한다.

4. M/C의 회전방향을 운전자 앞방향에서 시계방향으로 회전시킨다.

5. PLC I/O monitor 화면으로 이동하여 M/C반의 센서와 각 밸브 상태를 확인하여 이상유무를 체크한다.

6. main 화면에서 운전에 필요한 속도, 카운터, 지연시간을 설정한다.

7. 각도 설정 화면으로 이동하여 극성측정 ON/OFF 각도를 입력하고 제품 이송각도까지 입력한다.

8. 운전 설정 화면으로 이동하여 가항목부터 라항목을 선택한다.
   가. tester 실행 유를 선택한다.
   나. 머리 교정 사용 유를 선택한다.
   다. feeder 사용 유를 선택한다.

라. LED single type을 선택한다.

9. bin 카운터 화면으로 이동하여 설정 수량 터치하여 원하는 수량을 입력한다.

10. 운전 모드 화면에서 manual로 놓는다.

11. run 스위치를 눌러 장비 가동하고 M/C반의 동작 상태가 정상 동작하는지 확인한다.

12. 장비의 작동을 정지시킨다.

13. 실습보고서를 작성한다.

14. 정리정돈한다.

제 10 장

LED 핸들러 테스터

제1절 관계 지식

제2절 장비사용법

제3절 실습순서

<table>
<tr><td>실습 과제명</td><td colspan="4">LED 핸들러 테스터</td></tr>
<tr><td>목 표</td><td colspan="4">① LED 핸들러 테스터의 사용법을 익힌다.
② 제조된 LED의 규격으로 양·부판정을 할 수 있다.</td></tr>
<tr><td>장비 및 공구</td><td>소요재료</td><td>규격</td><td>수량</td><td>안전 및 유의사항</td></tr>
<tr><td>- LED test system (ST110)</td><td>- LED</td><td>5Ø</td><td>100</td><td>① 장비 사용 시 무리한 힘을 가하여 장비가 파손되지 않도록 한다.
② 장비사용법을 정확히 이해하고 사용하도록 한다.</td></tr>
</table>

제1절 관계 지식

1. 개 요

이 장비는 LED의 각 특성을 각기 다른 조건으로 측정하여 그 결과를 표시하고 핸들러와 조합하여 분류도 하는 LED 테스터이다.

2. 주요 특징

가. 2개의 스테이션 대응

동일 반송 라인 위에 2개의 측정점이 있는 핸들러를 가정, 하나의 장치에 대하여 각각의 측정점에서 정한 측정 항목을 또 다른 측정점에서 측정이 대기상태일 때 측정을 실시하는 방법이다. 대기상태란 바이어스 인가, 안정 시간 등, 측정 상 단축할 수 없는 시간을 말한다. 또한, 상자 분류는 양 스테이션에서 판정 결과에 따라 분류된다.

나. 광학 특성(옵션)

피크파장(LMP), 주파장(LMD), 반치폭(WP) 등의 측정과 판정이 실시된다.

다. 전기 특성

① 순방향 전압측정(VF)
② 순방향 전류측정(IF)
③ 역방향 전압측정(VR)
④ 역방향 전류측정(IR)
⑤ thyrist 판정(THY)
⑥ ΔVF 측정(DVF) : 전용 보드 사용(옵션)
⑦ 극성, 배치판정(POL)

3. 동작 환경

이 프로그램의 동작 환경을 <표 10-1>에 보였다.

〈표 10-1〉 동작 환경

항 목	동작 환경
P/C	ST110 내장 PC
OS	windows2000(일본어판)
HDD	100MB 이상의 빈 용량
메모리 용량	128MB 이상의 물리 메모리
화면해상도	1024×768
프린터	EPSON PM-730

4. 제한 사항

① 출하 시 윈도우 환경은 변경하지 않도록 한다.
- 정상적인 측정 또는 측정결과 데이터나 측정 프로그램 등이 정상으로 표시

되지 않을 수 있다.

② 측정하고 있는 동안 다른 응용 프로그램을 실행하지 않도록 한다.
- 측정이 늦어지거나 정상 동작하지 않을 가능성이 있다.

③ 출하 시 부속된 기기(프린터 등) 이외의 기기는 그 동작 검증을 할 수 없다.
- 이외의 기기를 접속한 경우는 정상 동작하지 않을 가능성이 있다.

5. 소프트웨어 구성

① LED 테스터 소프트웨어는 조건 작성부와 측정부로 나누어져 있다.

② 조건 작성부에서 측정 프로그램을 작성 · 편집 · 관리한다.

③ 측정부에서는 측정, 측정 데이터 표시, 측정 결과를 저장한다.

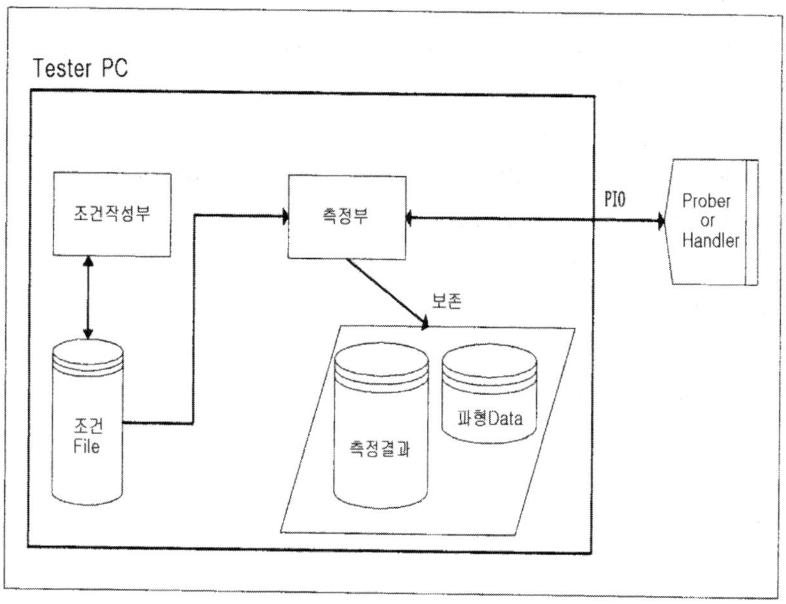

[그림 10-1] 소프트웨어 구성

④ 측정 결과는 파일로 저장된다.

⑤ 파형 데이터의 저장은 사용자 조작으로 저장할 수 있다.

6. 소프트웨어 설치

가. LED 테스터 소프트웨어의 설치

가) ST110 LED tester CD-ROM을 driver에 장착한다.

① 자동적으로 setup program이 작동한다.

② 작동되지 않을 경우는 CD-ROM내 setup. Exe을 더블 클릭한다.

나) 설정은 전 항목을 변경하지 않고 Next] 버튼을 클릭한다.

다) setup완료 dialogue가 표시되면 [Finished]을 클릭한다.

라) 계속해서 GP-IB driver 설치가 시작된다.

마) 설치 완료 후 shot-down한다.

바) 전원 플러그를 빼고, GP-IB board 및 분광기를 접속한다.

GP-IB board의 board ID는 "0"으로 한다.

사) PC의 전원을 ON하고, windows를 설치한다.

아) GP-IB hardware의 설치 방법

상세한 내용은 ST110 test system의 CD-ROM 내에 있는 GP-IB(PCI) L_ Manual_ J.pdf을 참조한다.

자) board 설정용 program을 작동시킨다.

start>>program>>Contec API-PAC (WIN32)>>API-Tool configration

차) GP-IB(PCI)의 설정은 전부 default로 설정한다.

① board 명칭 : GP-IB(PCI)L

② board ID : 0

③ my address : 0

④ master/slave : master

⑤ FIFO : not used

⑥ state이행 금지시간 : 500ns

카) data base 설정

① [Start]-[Settings]-[Control 패널]을 열고 "BDE administrator"을 더블 클릭 한다.

② [Data Bases]Tab을 클릭하고 등록된 data base에 "ST100"가 등록되어 있는지 확인한다. 등록되어 있지 않다면 [Object]-[New]로 "ST100"을 신규 작성한다.

③ ST110의 정의를 확인한다.

- type : standard

- default driver : paradox
- enable BCD : false
- path : ST110.EXE을 설치한 폴더 내에 "result" 폴더를 지정한다.
- path의 설정은 표준 설치의 경우 C:\Program files\ST110_sim\Result"으로 된다.

타) data base driver의 설정

상기 카)에서 작동한 BDE administer의 [Configuration]Tab을 클릭한다.
[Driver]-[Native]-[PARADOX]를 지정하고, "blook size"을 확인한다.
"16384" 이외의 경우는 16384로 설정한다.

파) 상기 카), 타) 작업 종료 시는 menu의 [Object]-[Apply]를 선택하여 설정한 내용을 반영시킨다.

설정이 완료되면 PC를 재부팅한다.

나. 분광기 초기 설정 dialogue box

ST110 test system을 설치 후 최초 작동하는 경우나 분광기를 분리하여 재접속할 경우 새로운 분광기를 접속할 때는 아래와 같은 dialogue가 표시되며 설명을 따라서 설정을 실시한다.

각 parameter의 설정은 다음과 같다.

spectrometer type. S2000/PC2000/PC104/USB2000/HR2000

A/D converter type. USB2000

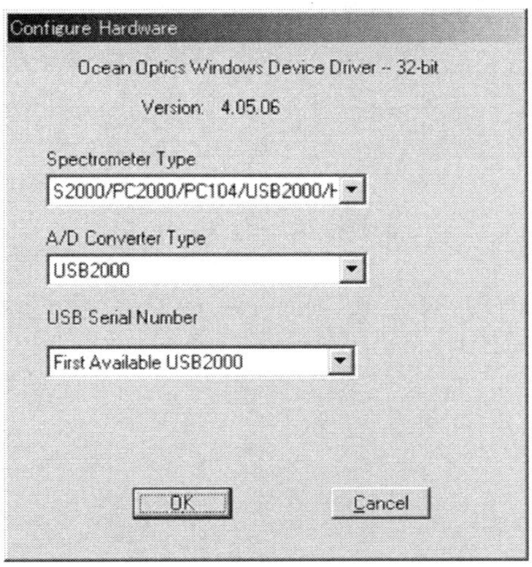

[그림 10-2] 파라미터의 설정

USB serial number. 우측▼을 클릭하고 현재 접속되어 있는 분광기의 시리얼 번호를 선택한다.
검출기의 설치는 90mm이다.

제2절 장비사용법

1. 프로그램 사용법

가. 메인 부분

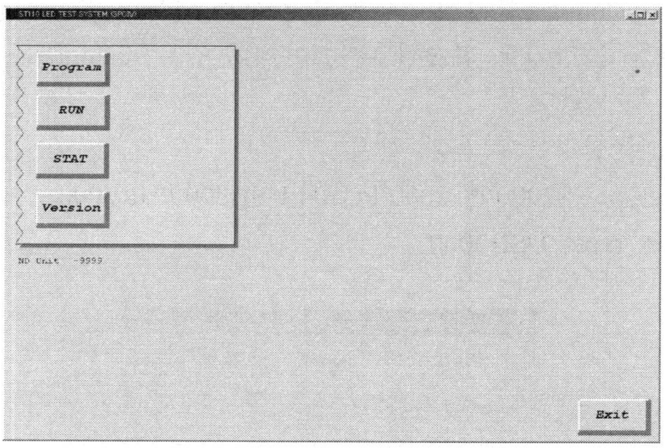

[그림 10-3] 메인 화면

① program : 품종 파일 작성, 변경, 기준 LED를 등록
② run : 측정을 수행
③ stat : 결과의 인쇄, 통계 처리를 수행
④ version : version을 표시
⑤ exit : 완료

나. 프로그램 메뉴

프로그램을 선택하면 최초에는 품종 파일 관리 home이 표시된다.

① move : 품종 파일 이동 수행
② copy : 품종 파일 copy 수행
③ delete : 품종 파일 소거 수행
④ rename : 품종명 변경 수행
⑤ new 파일 : 신규 품종 파일 작성
⑥ end : 관리 종료(main 화면으로 되돌아간다)
⑦ print : 선택 품종 조건 인쇄
⑧ with rename : copy, 이동 처리 수행 시에 품종 명칭을 변경할 경우 check한다.

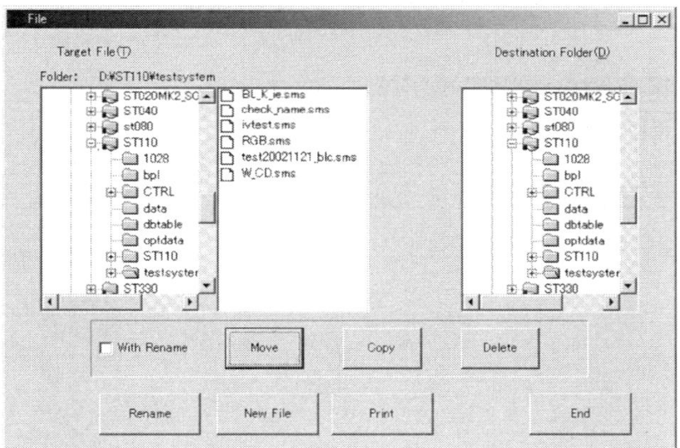

[그림 10-4] 프로그램 메뉴

2. 프로그램 종류

가. 품종 프로그램 화면

품종 프로그램 화면은 device 정보 설정, 각 칩 정 특성 측정 조건, 각 칩 광학 상 하한 조건, 분류 조건의 4종류의 화면이 있어 정 특성 조건 및 광학 상 하한 조건 화면은 package type에 따라 화면이 표시된다.

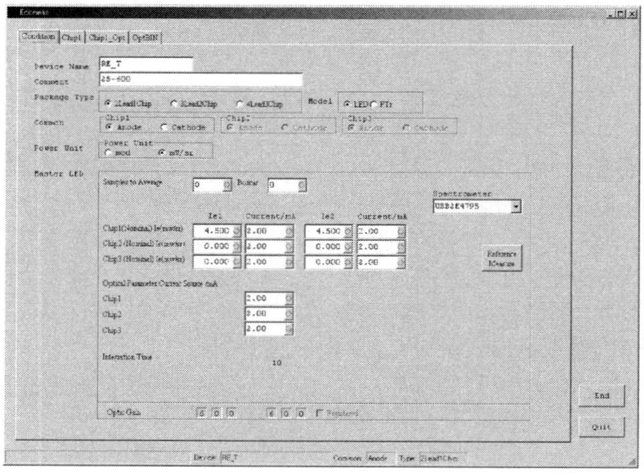

[그림 10-5] 디바이스 정보 화면(품종 프로그램)

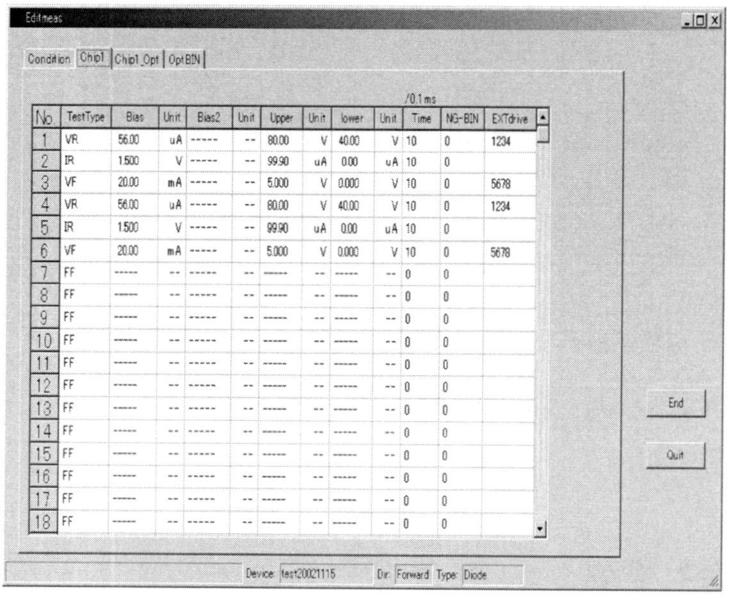

[그림 10-6] 정 특성 조건 설정 화면

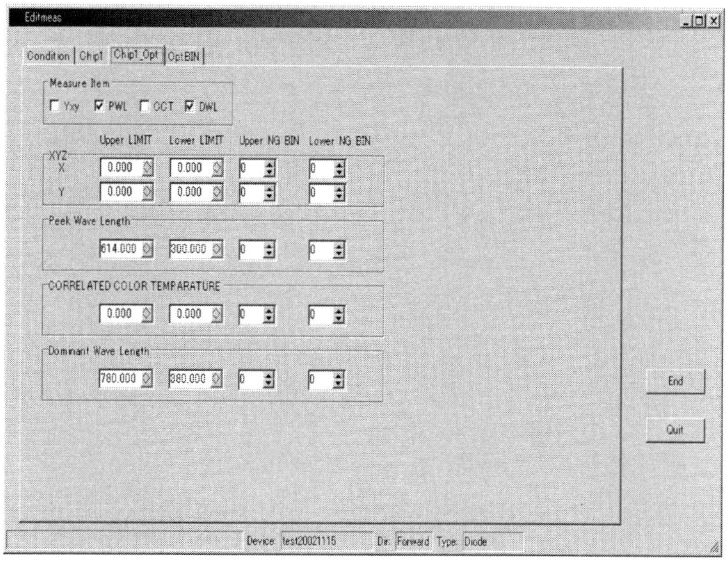

[그림 10-7] 광학 측정 조건 설정

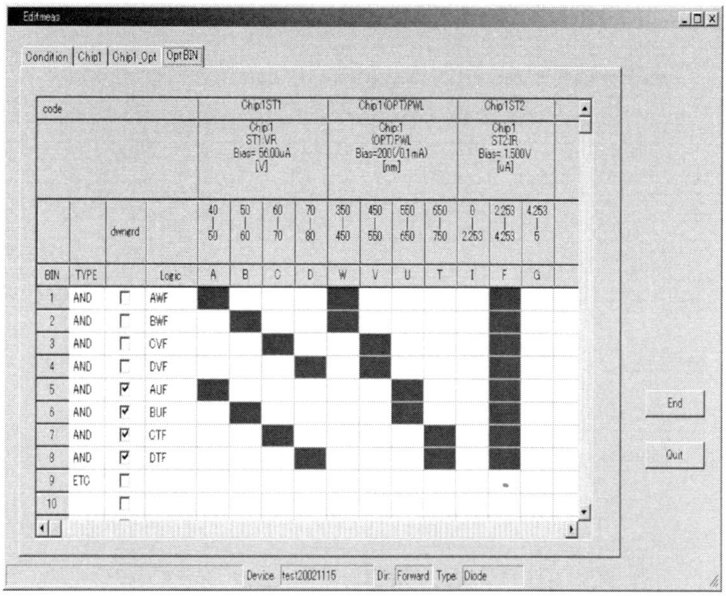

[그림 10-8] 분류 조건 설정 화면

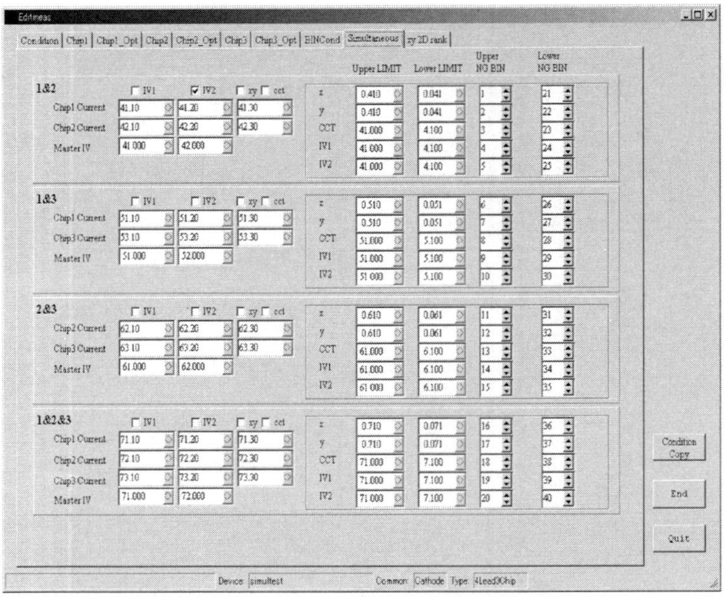

[그림 10-9] 동시 점등 조건 설정 화면

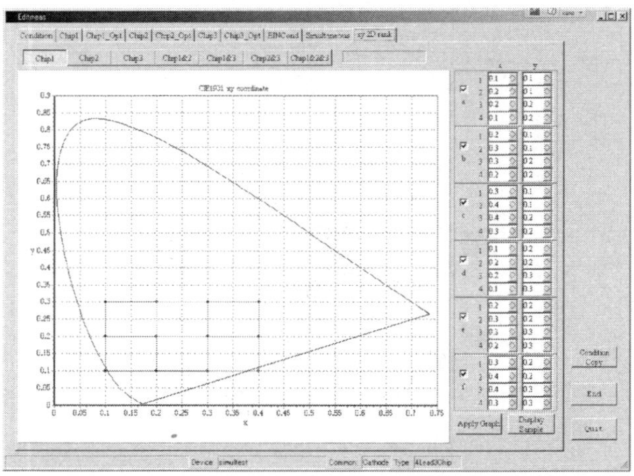

[그림 10-10] XY 2차원 rank 조건 설정 화면

(1) 디바이스 조건 설정 화면

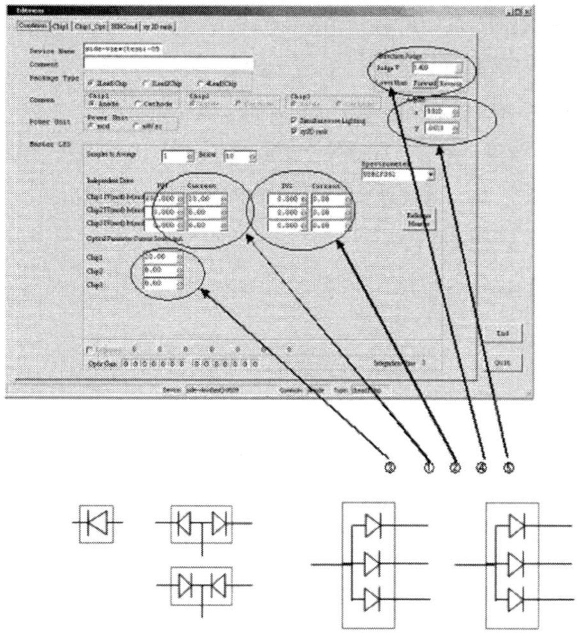

2Lead1Chip 3Lead2Chip 4Lead3Chip

[그림 10-11] 디바이스 조건 설정 화면

device name : 품종 명(최대 20문자)
comment : comment(최대 40문자)
model 1 : 측정 대상 종별(LED photo transistor)
common : common 설정(2chip 이상일 때만 유효)
power unit : 광량(intensity) 단위
simultaneous : 동시 점등 측정 사용, 미사용 check
XY 2D rank : XY 2 차원 rank 조건 사용, 미사용 check
master LED : 기준 LED 설정
sample to average : 분광기 출력 평균 회수
boxcar : smoothing pixel수

가) 광량 측정1 기준 조건 설정

광량 측정1 (1V1) 기준용을 설정한다.

각 chip의 기준 광량, 전류 값을 설정한다.

나) 광량 측정2(1V2) 기준 조건 설정

광량 측정2 기준용을 설정한다.

각 chip의 기준 광량, 전류 값을 설정한다.

다) 광학 측정 시 전류 값 설정

광학 측정 시(PWL, DWL등)의 전류 값을 설정한다.

라) auto 측정 시 극성 판별 설정

auto 측정 시 LED의 극성을 자동 판별하기 위하여 설정한다.

일반 type의 LED는 forward를 선택하고 judge V(idefault는 5V) 이하의 VF인 것은 정방향이라고 판정한다.

제너 type LED는 reverse를 선택하고 judge V 이하의 것을 정방향이라고 판정 한다.

마) XY adjust

XY adjust는 A백색 LED의 측정 시 XY 측정 값에 offset을 붙이는 기능이다.

offset 범위는 X, Y 모두 ±0.100이다(초기치는 X, Y 모두 0).

예를 들면 현재의 XY측정 값이

X = 0.300

Y = 0.300

일 때에 XY offSet 값

X_offSet = 0.010

Y_offSet = −0.010

이라고 설정한 경우 측정 값은

X = 0.310

Y = 0.290

이 된다.

한편 이 기능은 적, 청, 녹 등의 단위 LED를 측정하는 경우는 사용하지 않는다(XY값을 0으로 놓았을 때).

integration time : 노광 시간(spectrometer integration time)(=3)
spectrometer : 분광기 선택
reference measure : 기준 LED 등록(검출기 배율, 광도 계수, 노광 시간 자동 설정)
optic gain : 광학 검출기 배율(표시만)
condition copy : 정특성 조건 chip간 copy한다.

버튼을 누르면 다음의 pop up이 표시된다.

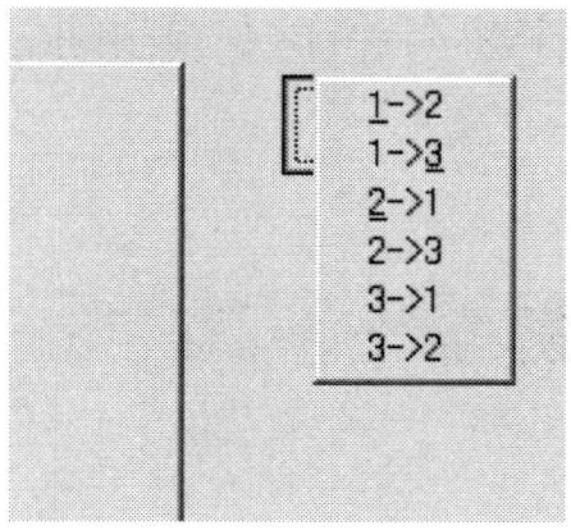

1 － > 2 : chip1을 chip2로 copy
1 － > 3 : chip1을 chip3로 copy

[그림 10-12] XY adjust

END 버튼 : 변경 내용을 반영해서 종료한다.
QUIT 버튼 : 변경 내용을 반영시키지 않고 종료한다.

(2) 정 특성 조건 설정 화면

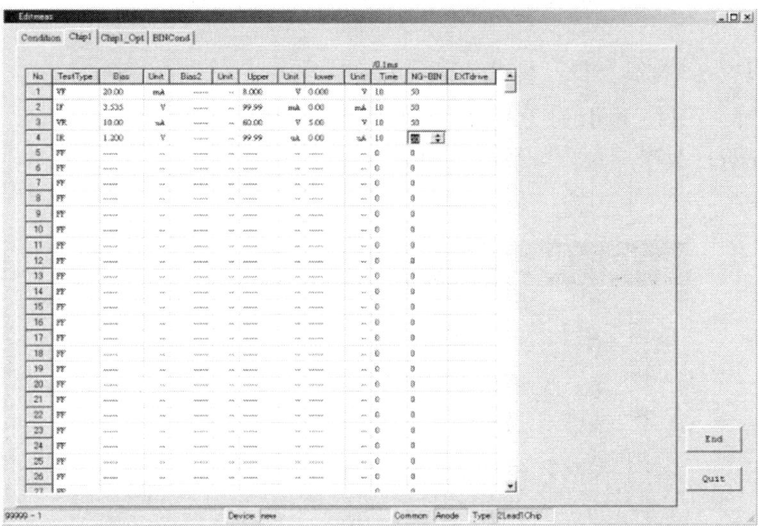

[그림 10-13] 정특성 조건 설정 화면 1

임의의 파라미터를 선택하고 "A"조건을 설정한다.
표시는 왼쪽 순으로부터 station번호, 파라미터 종류, bias 1, bias 2 상한, 하한, 인가 시간, NG시 BIN, 외부 driver로 된다.
파라미터 종류 및 설정 범위는 "A자료" P를 참조한다.

bias, upper, lower의 각 수치 입력 시는 다음의 dialogue가 표시된 수치 및 단위를 설정한다.

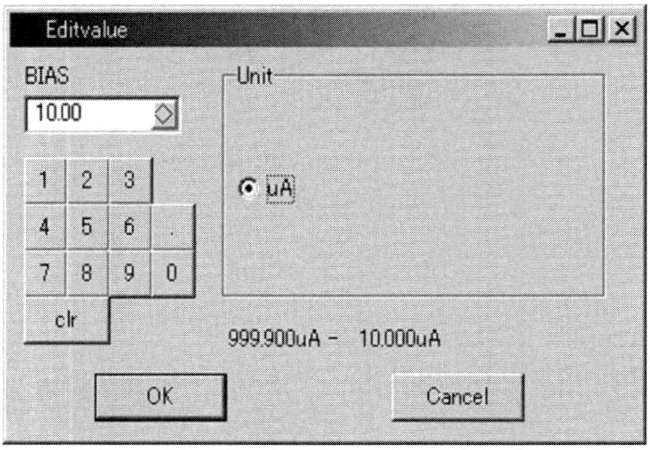

[그림 10-14] 정 특성 조건 설정 화면 2

측정 시간은 직접 시간 설정 값을 입력한다.
NG BIN 지정은 cell 왼쪽에 표시된 상하 화살표로 변경한다.
외부 driver 설정 시는 다음의 dialogue가 표시된다.

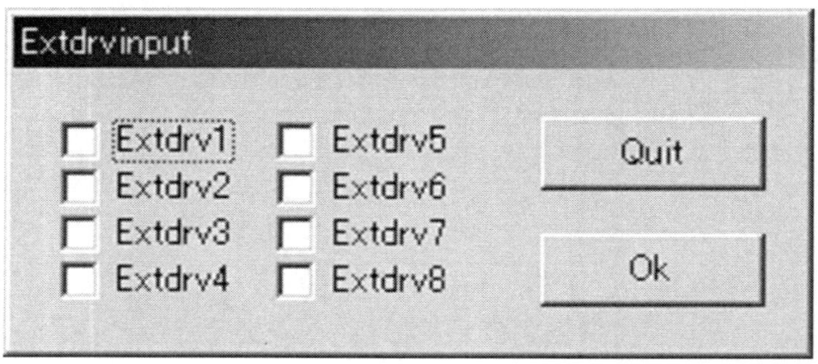

[그림 10-15] 외부 드라이버 설정

check가 있으면 ON으로 된다.

마우스의 오른쪽 버튼을 클릭하면 선택 중인 station data에 대하여 편집 작업이 가능하다.

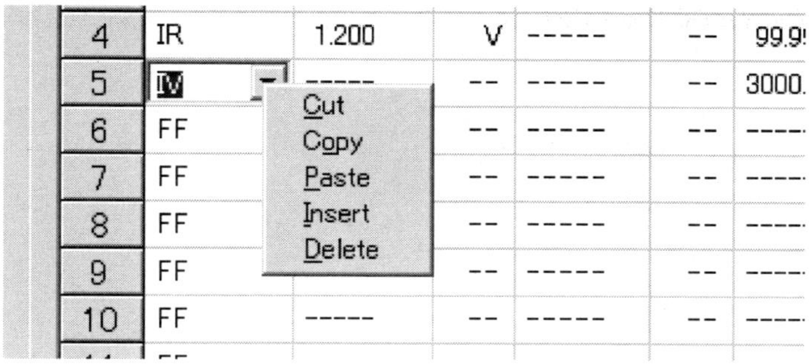

[그림 10-16] station data 편집

Cut : 선택 station data를 제거하고 “A”eFF’(미사용)로 된다.
Copy : 선택 station data를 편집 buffer에 copy한다.
Paste : 편집 buffer data를 station data에 덮어 쓴다.
Insert : 선택 station 위치에 ‘eFF’(미사용)station data를 삽입한다.
Delete : 선택 station data를 소거한다.
Cut 및 Copy시는 station data가 편집 buffer에 보존된다.

(3) 광학 측정 조건 설정 화면

measure item : 광학 측정 종류를 설정한다.
XY : CIE1931색도 측정
PWL : peak 파장 측정(peak wave length)
CCT : 상관 색 온도 측정(correlated color temperatures)
D지 : 주 파장 측정(dominant wave length)
IV1 : 광량 측정 1
IV2 : 광량 측정 2

각 종류별 상, 하한 수치 NG BIN지정을 개별로 설정이 가능하다.

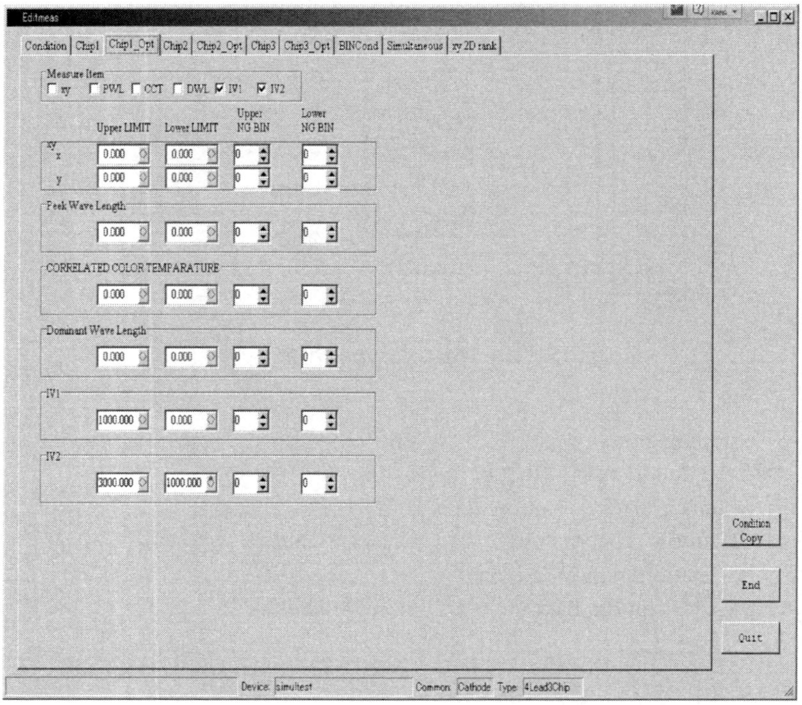

[그림 10-17] 광학 측정 조건 설정 화면

(4) 분류 조건 설정 화면

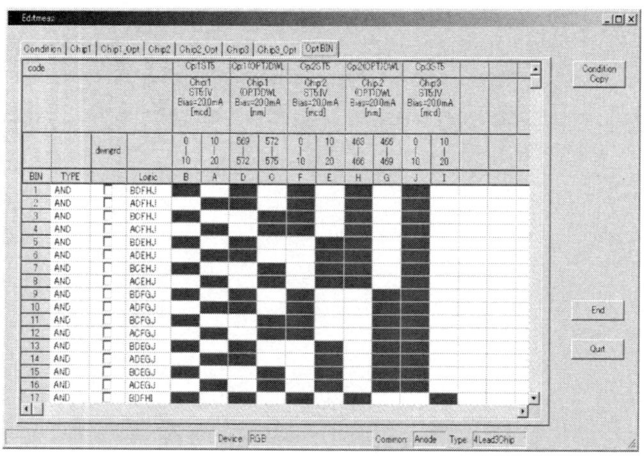

[그림 10-18] 분류 조건 설정 화면

가) rank 설정부

① 분류 조건에 사용하는 파라미터 수치를 설정한다.

② 표 최상부(code)를 클릭하면 조건 설정 dialogue가 표시된다.

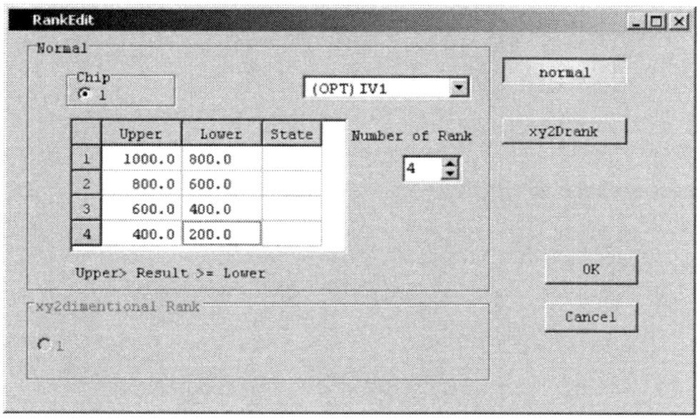

[그림 10-19] rank 설정부

나) 버튼의 설명

① [normal] : 정 특성 및 광학 특성 Parameter를 지정하는 경우 선택한다.

② [xy2Drank] : XY 2차원 Rank를 지정하는 경우 선택 한다.

여기에서 대상 파라미터·분할 수(1~32) 분기전 수치를 설정한다.

다) 분류 설정부

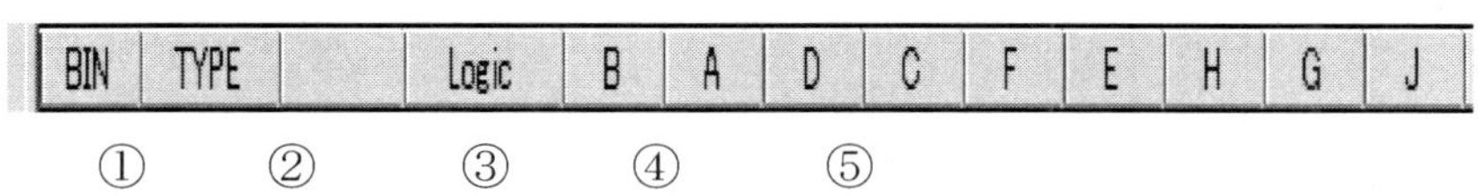

[그림 10-20] 분류 설정부

① BIN 번호

② 조건 type

---- 미사용

AND : 지정 rank 조건 전부 일치하는 경우 출력

OR : 지정 rank 조건이 어느 것인가에 일치하는 경우 출력

ETC : 무조건 출력

③ NG OUT 지정

해당 BIN을 NG로 counter하는 경우 check한다.

④ logic : 지정되어 있는 rank status 문자가 표시된다.

1 파라미터의 rank내에 지정이 없는 경우는 X가 표시된다.

⑤ 지정 rank 조건 : 해당하는 rank 조건을 지정하며 mouse의 클릭으로 교체한]] 다. 또 드래그하여 복수 범위를 일괄 지정하는 것도 할 수 있다.

(5) 동시 점등 조건 설정 화면

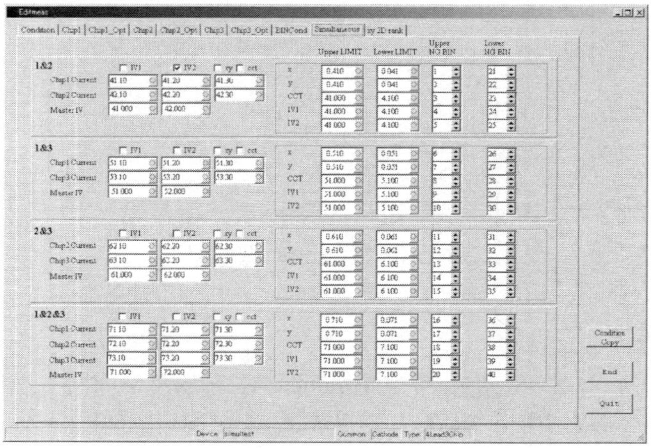

[그림 10-21] 동시 점등 조건 설정 화면

동시 점등 측정 시의 측정 파라미터, 인가 조건, limit의 설정을 한다.

패널 1 & 2 : chip 1, 2 동시 점등 측정 시 조건
패널 1 & 3 : chip 1, 3 동시 점등 측정 시 조건
패널 2 & 3 : chip 2, 3 동시 점등 측정 시 조건
패널 1 & 2 & 3 : chip 1, 2, 3 동시 점등 측정 시 조건

각 패널의 파라미터 check box(IV1, IV2, XY CCT)는 check ON해서 측정 및 판정을 한다.

(6) XY 2차원 rank 조건 설정 화면

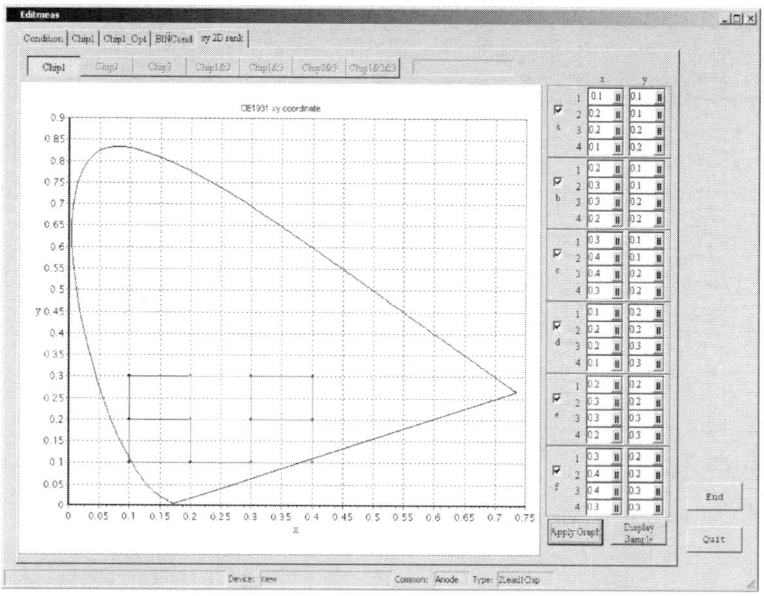

[그림 10-22] XY 2차원 rank 조건 설정 화면

XY 2차원 rank의 조건을 설정한다. 점등 종류별 매 6rank 설정이 가능하다. 순서는 다음과 같다.

가) 점등 종류를 선택한다(화면 상단).

나) rank 조건 패널을 클릭하여 편집 상태로 한다(편집 상태로 된 경우 배경색이 잿빛 이외의 색깔로 변한다).

다) 그래프상의 목표 위치를 클릭한다.

라) 순서로 2~4점째도 클릭해 지정해간다.

마) 4점을 지정이 끝나면 자동적으로 직사각형이 된다.

이미 지정되어 있는 rank 조건을 편집할 경우는 목적의 rank 조건 패널을 편집 상태로 한 뒤 각 포인트를 클릭&드래그하는 것으로 변경할 수 있다.

또, 조건을 삭제할 경우는 수치 박스 (X1~4, Y1~4)의 모든 수치를 0으로 해 [apply Graph] 버튼을 누르는 것에 의하여 삭제된다.

바) 버튼의 설명

[Apply Graph] : 수치 박스로 변경한 내용을 그래프에 반영

[Display Sample] : 샘플 결과 파일(excel 형식)을 읽어들여 표시

나. 샘플 결과 표시

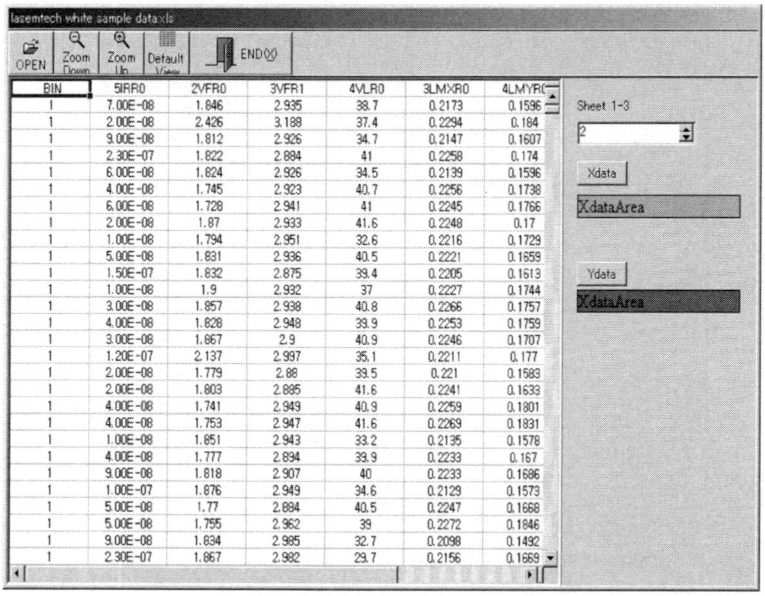

BIN	5IRR0	2VFR0	3VFR1	4VLR0	3LMXR0	4LMYR0
1	7.00E-08	1.846	2.935	38.7	0.2173	0.1596
1	2.00E-08	2.426	3.188	37.4	0.2294	0.184
1	9.00E-08	1.812	2.926	34.7	0.2147	0.1607
1	2.30E-07	1.822	2.884	41	0.2258	0.174
1	6.00E-08	1.824	2.926	34.5	0.2139	0.1596
1	4.00E-08	1.745	2.923	40.7	0.2256	0.1738
1	6.00E-08	1.728	2.941	41	0.2245	0.1766
1	2.00E-08	1.87	2.933	41.6	0.2248	0.17
1	1.00E-08	1.794	2.951	32.6	0.2216	0.1729
1	5.00E-08	1.831	2.936	40.5	0.2221	0.1659
1	1.50E-07	1.832	2.875	39.4	0.2205	0.1613
1	1.00E-08	1.9	2.932	37	0.2227	0.1744
1	3.00E-08	1.857	2.938	40.8	0.2266	0.1757
1	4.00E-08	1.828	2.948	39.9	0.2253	0.1759
1	3.00E-08	1.867	2.9	40.9	0.2246	0.1707
1	1.20E-07	2.137	2.997	35.1	0.2211	0.177
1	2.00E-08	1.779	2.88	39.5	0.221	0.1583
1	2.00E-08	1.803	2.885	41.6	0.2241	0.1633
1	4.00E-08	1.741	2.949	40.9	0.2259	0.1801
1	4.00E-08	1.753	2.947	41.6	0.2269	0.1831
1	1.00E-08	1.851	2.943	33.2	0.2135	0.1578
1	4.00E-08	1.777	2.894	39.9	0.2233	0.167
1	9.00E-08	1.818	2.907	40	0.2233	0.1686
1	1.00E-07	1.876	2.949	34.6	0.2129	0.1573
1	5.00E-08	1.77	2.884	40.5	0.2247	0.1668
1	5.00E-08	1.755	2.962	39	0.2272	0.1846
1	9.00E-08	1.834	2.985	32.7	0.2098	0.1492
1	2.30E-07	1.867	2.982	29.7	0.2156	0.1669

[그림 10-23] 샘플 결과 표시

XY 2D rank 조건 설정 화면에서 [Display Sample] 버튼을 누르면 샘플 결과 파일 읽기&지정 화면이 표시된다.

샘플 표시 순서는 다음과 같다.

가) 화면 왼쪽 위의 [Open] 버튼을 클릭한다.
나) 파일 오픈 dialogue가 표시되기 때문에 대상이 되는 excel 파일을 지정한다.
다) 파일 지정 후 excel 파일의 내용이 표시한다.
라) X 데이터 범위를 클릭&드래그해서 선택해 [XData] 버튼을 XY 2D rank 조건 설정 화면에서 [Display Sample] 버튼을 누르면 샘플 결과 파일 읽기& 지정 화면이 표시한다(선택된 범위는 [XData] 버튼 아래로 표시한다).
마) Y 데이터 범위를 클릭&드래그하여 선택해 [YData] 버튼을(선택된 범위는 [YData] 버튼의 아래로 표시된다)
바) 화면 상부의 [END] 버튼을 누른 것에 의해 종료한다.
사) 지정된 샘플데이터가 XY 2D rank 조건의 그래프 부분에 표시한다.

3. 프로그램 구동

가. 실행화면(run)

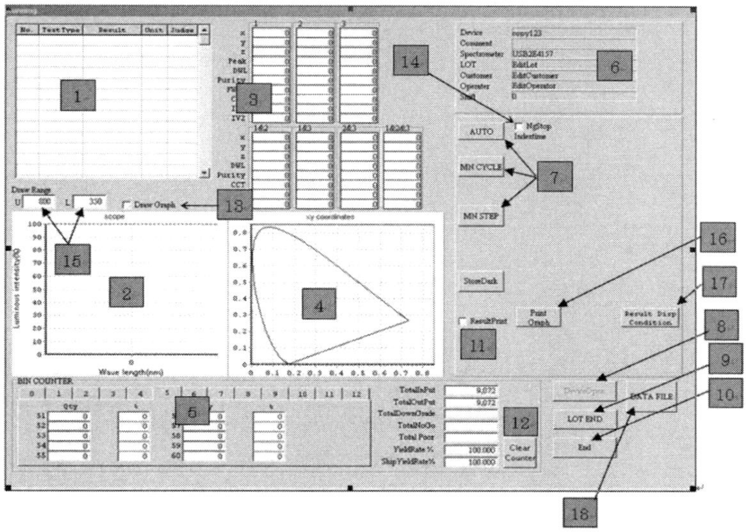

[그림 10-24] 실행 화면(run)

1 : 정 특성 결과 표시
2 : 분광기 출력 분포 파형 표시
3 : 광학 결과 표시
4 : XY색도 결과 표시
5 : BIN counter
6 : lot 설정
7 : 측정 모드 설정
8 : 품종 파일 읽기 버튼
9 : lot END 버튼
10 : 종료 버튼
11 : 결과인쇄 check box
12 : counter 클리어 버튼
13 : 그래프 묘화 ON/ OFF check box
14 : NG 스톱 ON/ OFF check box
15 : 파형 표시 범위 설정
16 : 그래프 인쇄 버튼 (분포 그래프 및 XY 그래프를 인쇄)
17 : 복수 결과 표시 시 결과 표시 설정 화면 호출
18 : 복수 결과 화면 표시

나. 복수 결과 표시

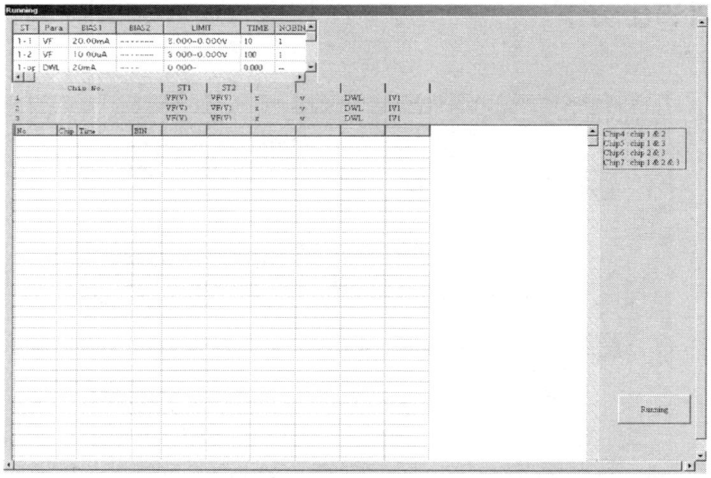

[그림 10-25] 복수 결과 화면

다. 측정 모드 설정

매뉴얼 스텝 : 지정된 chip, 스테이션만을 측정

측정 개시는 [Start] 버튼을 클릭

매뉴얼 사이클 : 지정된 chip, 개시 종료 스테이션을 측정

측정 개시는 [Start] 버튼을 클릭

End 및 Bin 출력

오토 : Handler로부터의 start 신호에 의해 측정

End 및 Bin 출력

측정 모드 설정부는 모드에 따라서 표시가 다르다.

매뉴얼 스텝, 매뉴얼 사이클 모드는 패키지 종별에 따라서 chip 2, 3 선택 표시가 변한다.

(1) manual step

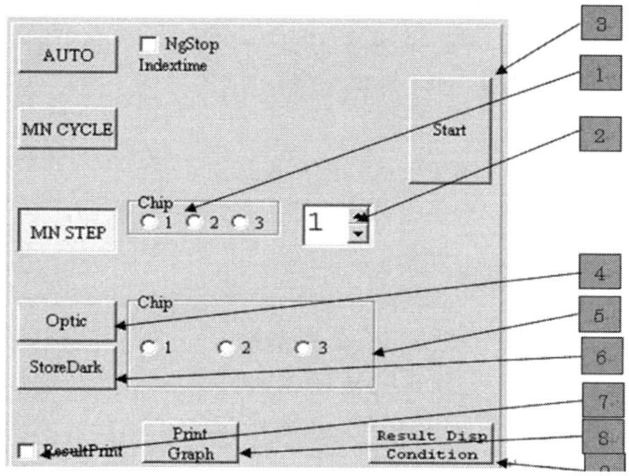

[그림 10-26] manual step

1 : Chip : 실행하는 Chip을 선택
2 : STATION : 실행하는 스테이션을 선택(정 특성)
3 : Start : 측정 개시
4 : Optic Measure : 광학 측정
5 : Optic Chip : 광학 측정을 행하는 종별을 선택
6 : Store Dark : LED OFF시의 분광기 출력을 등록
7 : Result Print : 결과 인쇄를 ON/ OFF
8 : Print Graph : 분광기 출력 분포 파형, XY색도 그래프를 인쇄
9 : Result Display Condition : 결과 표시 설정(복수 결과 표시때의 표시 설정)

(2) manual cycle

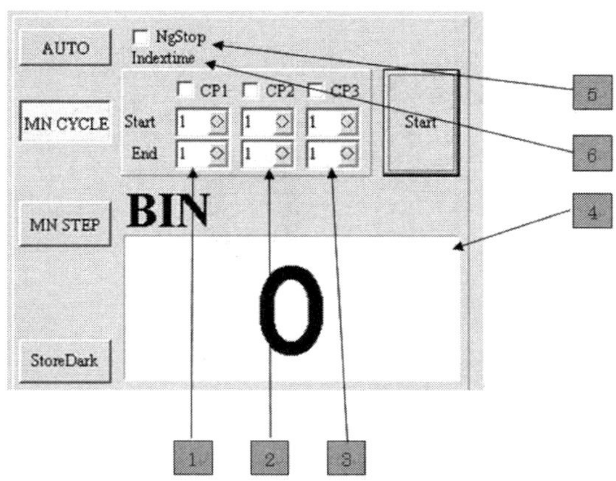

[그림 10-27] manual cycle

1 : Chip 1측정 설정
CP1 체크 ON으로 측정 OFF으로 측정 skip
Start : 정 특성 측정 개시 스테이션 번호
End : 정 특성 측정 종료 스테이션 번호
2 : Chip 2측정 설정
CP1 체크 ON으로 측정 OFF으로 측정 skip
Start : 정 특성 측정 개시 스테이션 번호
End : 정 특성 측정 종료 스테이션 번호
3 : Chip 3측정 설정
CP1 체크 ON으로 측정 OFF으로 측정 skip
Start : 정 특성 측정 개시 스테이션 번호
End : 정 특성 측정 종료 스테이션 번호
4 : BIN번호
5 : NG 스톱 설정 check box
ON의 경우 정 특성 측정 종료 시 광학 측정 종료 시에 판정되어 NG 결과가 있을 경우 이후의 측정을 안한다.
6 : index 타임 표시
PC상에서의 경과 시간을 표시
광학 측정은 품종 파일에서 선택되고 있을 경우 반드시 측정한다.

(3) auto 측정 시

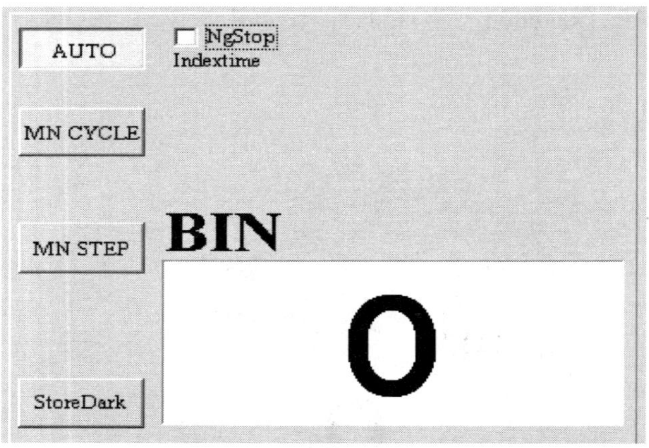

[그림 10-28] auto 측정 시

설정 항목은 NgStop만 한다.
분광기 출력 분포 파형 표시에 대해서 분광기 출력 분포 파형은 피크 파장을 기준으로 한 상대 표시를 위해 피크 측정을 행하지 않을 경우라도 품종 파일의 피크 파장 상, 하한에 수치를 설정한다.

(4) Counter 측정

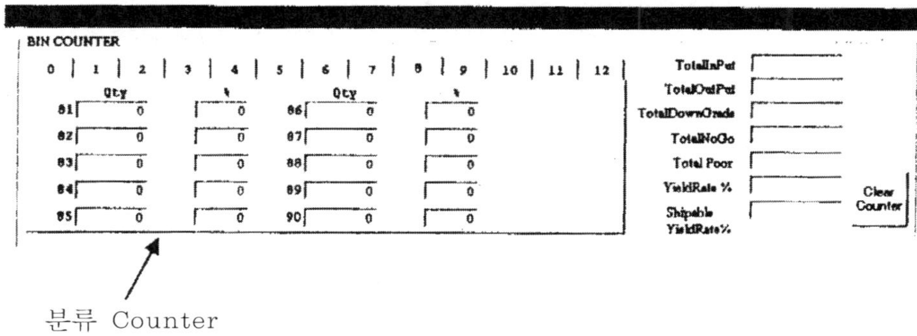

[그림 10-29] Counter 측정

Bin1에서 128까지의 카운트 및 비율을 표시
counter는 자동 측정 시만 카운트
total Input : 자동 측정의 측정 횟수
(TotalOutPut+ TotalDownGrade+ TotalNoGo)
total output : GO 판정 카운트
total downgrade : ngout 지정 Bin counter
Yieldrate% : FTotalOutPut / TotalInput
Shipable YieldRate% : (TotalOutPut+TotalDownGrade) / TotalInput
TotalPoor : contact 불량 counter

(5) 통계 처리(결과 인쇄 메뉴)

start를 선택한 경우 다음의 화면이 표시된다.

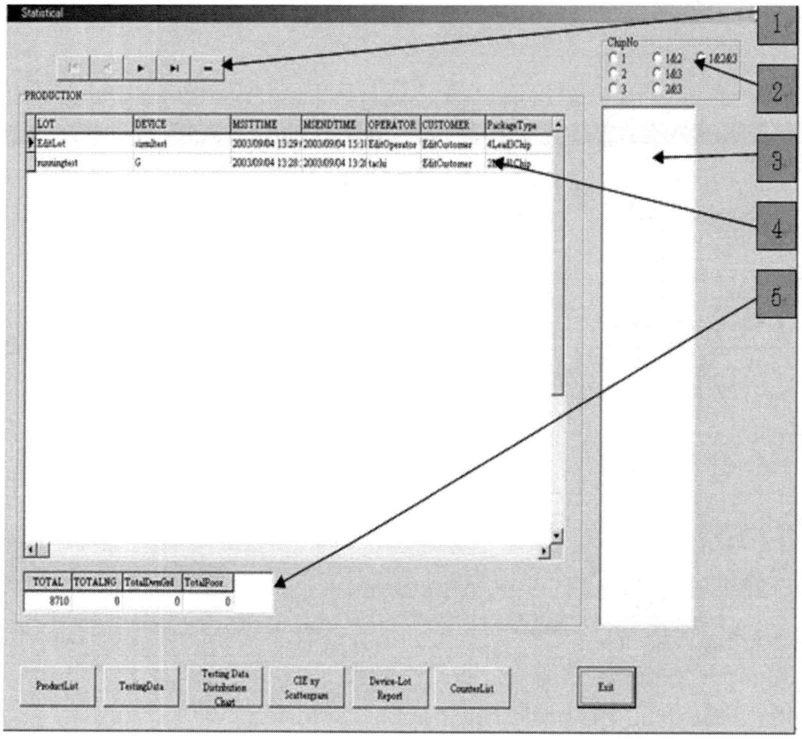

[그림 10-30] 통계 처리

1 : data base navigator 선택
lot의 이동, 삭제를 한다.
2 : 통계 처리 대상 chip 번호
통계 처리 대상의 지정 lot내 chip 번호를 선택한다.
3 : 통계 처리 대상 파라미터 선택 리스트
통계 처리 대상의 지정 lot내 파라미터를 선택한다.
4 : lot 리스트
lot 일람을 표시한다.
5 : lot counter
선택 lot의 counter를 표시한다.

(6) 결과 보고서(result export)

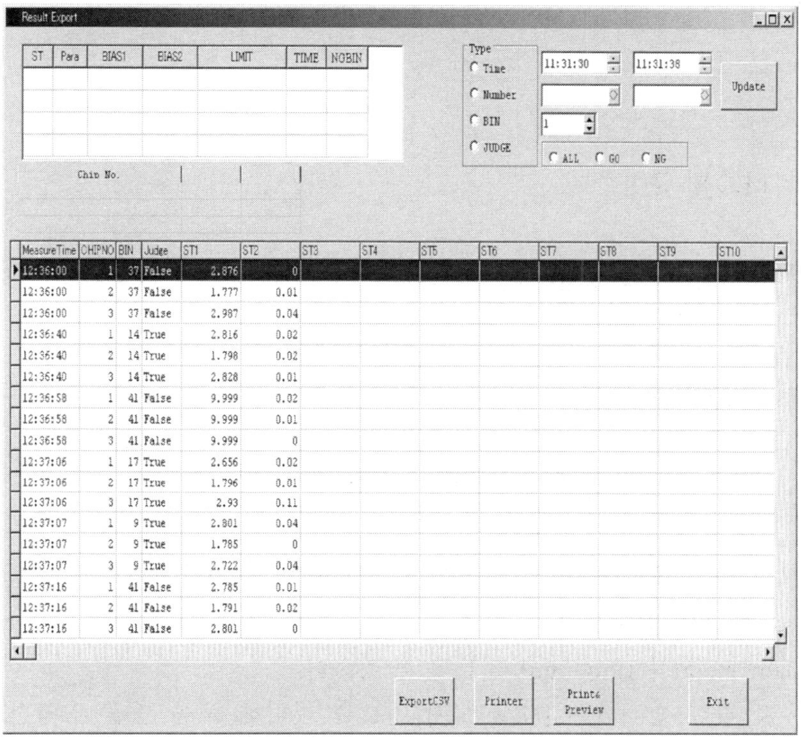

[그림 10-31] 결과 보고서 화면

측정 결과를 인쇄 또는 CSV 형식으로 파일에 출력한다.
시간, 레코드 번호, 분류 BIN, 판정 결과를 출력한다.

버튼에 대한 설명은 다음과 같다.

[ExportCSV] CSV 형식으로 파일에 출력한다(보존 dialogue가 표시).
[Printer] 출력을 행하는 프린터를 선택하는 화면이 표시된다.
[Print & Preview] 미리 보기, 인쇄 실행 화면이 표시된다.
[Exit] Result Export를 끝낸다.

제3절 실습순서

1. 검사할 LED를 준비한다.

2. LED 핸들러 장비를 수동 실습순서에 의하여 정상인지를 확인한 후 자동 상태로 놓는다(앞 장의 실습순서 참조).

3. 컴퓨터를 부팅시킨다.

4. 메인 화면에서프로그램을 선택한다.

5. 신규 품종을 작성하기 위해서 다음 순서에 따라서 입력한다.

가. 품종 파일을 입력한다.

1) main menu의 [Program] 버튼을 클릭한다.

2) 품종 파일 관리폼의 [New파일] 버튼을 클릭해 품종 명을 입력한다.

나. 품종 파일의 순서를 다음 순서에 따라 입력한다.

1) 품종 명을 입력한다.

2) 패키지 타자를 선택한다.

3) 필요에 맞게 common 설정, 광량 단위를 설정한다.

4) 기준 LED를 설정한다.

가) 인가 전류를 설정한다.

나) 기준 LED의 광량을 설정한다.

다) 사용하는 분광기를 설정한다.

5) 기준 LED 등록(reference measure) 버튼을 클릭하여 검출기 배율, 노광 시간을 자동 설정한다.

6) 정 특성 측정조건 설정 화면에서 측정을 행하는 파라미터 및 조건을 설정한다.

7) 광학 측정 조건 설정 화면에서 측정을 행하는 파라미터 및 상, 하한 데이터를 설정한다.

6. 품종 파일 선택 dialogue에서 [Device Open] 버튼을 클릭하여 측정을 행하는 품종을 선택한다.

7. 품종 선택 후 lot dialogue가 표시되기 때문에 설정한다.
lot 지정을 다시 할 경우는 [아니요]를 입력한다.

8. 품종 파일 open 시 [Device Open] 또는 [Result Disp Condition] 버튼을 클릭할 때 결과 표시 화면을 설정한다.

9. 운전모드 화면에서 Auto 버튼을 클릭한다.

10. 핸들러에서 Start 스위치를 눌러 장비를 가동하고 M/C반의 동작상태가 정상 작동하는지 확인한다.

11. 측정이 완료되면 컴퓨터의 측정결과를 출력한다.

12. 실습보고서를 작성한다.

13. 정리정돈한다.

제 11 장

LED 자동 테이핑기

제1절 관계 지식

제2절 장비사용법

제3절 실습순서

<table>
<tr><td>실습 과제명</td><td colspan="4">LED 자동 테이핑기(taping M/C)</td></tr>
<tr><td>목 표</td><td colspan="4">① LED 테이핑기의 각종키 사용법을 익힌다.
② LED 테이핑기의 사용법을 익힌다.
③ LED 테이핑 장비사용법을 익혀 실제 LED를 제조해 본다.</td></tr>
<tr><td>장비 및 공구</td><td>소요재료</td><td>규격</td><td>수량</td><td>안전 및 유의사항</td></tr>
<tr><td>- DAT-L200
- PLC</td><td>- 완성된 LED
- 열접착 테이프
- C-Tape
(대지)
- 대지연결 테이프
- 센서</td><td>13mm</td><td>생산
예정
수량</td><td>① 장비 사용시 무리한 힘을 가하여 장비가 파손되지 않도록 한다.
② 사용 방법을 정확히 이해하고 사용하도록 한다.
③ LED가 잘 들어갈 수 있도록 정렬 상태를 파악한다.</td></tr>
</table>

제1절 관계 지식

1. 개 요

이 장비는 완제품 상태의 LED 램프를 방향을 확인하여 자동 공급하고, 일정 방향으로 공급하여 규격에 맞는 형상으로 맞추며, 일정 피치로 테이핑한 후 삽입기에 맞는 구멍을 천공하여 아모 패킹(Ammo Packing)을 하는 장비이다.

2. 주요 제원

가) 입력 전원 : AC 220V, 단상, 60㎐

나) 공압원 : 5kg/㎠, AIR
다) 제어 : PLC - MitsubishiI A1SH
라) 크기 : 1650L×850W×1480H

3. 장비 설치 방법

가) 장비를 배치한 후 장비 하단에 있는 고정용 스토퍼(4개소)를 조정하여 수평 상태를 유지한 후 스토퍼 유닛을 고정한다.
나) 메인 에어를 연결한다.
- 에어 호스 규격 : 내경 ϕ6, 외경 ϕ8

다) 메인 전원을 연결한다.
① 전선규격 : 2㎟/3P - 녹색은 접지로 연결한다.
② 전원을 켠 후 메인 모터 회전방향을 확인한다.
- Start 스위치를 짧게 3회 눌러 회전방향을 확인한다.

③ 회전이 반대일 경우 모터 전원의 U상과 W상을 서로 바꿔준다.

제2절 장비사용법

1. 동작 설명서

가. 패 널

(1) Power 스위치 : 장비의 전원을 투입 또는 차단하는 스위치다.
(2) Start 스위치 : 장비를 수동 또는 자동으로 가동하기 위한 실행 스위치다.
가) 수동 Run - 이 스위치를 누르고 있는 동안만 장비가 가동된다.
나) 자동 Run - 이 스위치를 한번만 누르면 장비가 가동된다.

자동 Run시 처음 제품을 투입할 때는 이 스위치를 누르고 있어야만 에러가 안 뜨고 가동된다(counter check 센서까지 제품이 감지될 때 이 스위치를 끄면 된다).

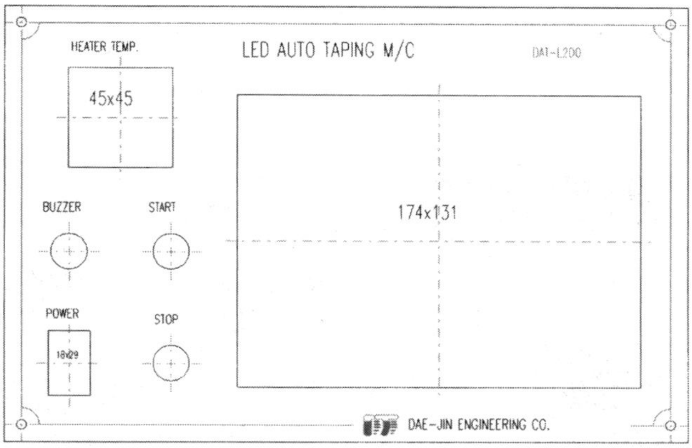

[그림 11-1] 자동 테이핑기의 패널 구조

(3) Stop 스위치 : 자동으로 가동 중인 장비를 정지시키기 위한 스위치로 에러 발생 시 에러 해제 기능도 한다.

(4) Temp. Controller : 에어 히터 온도 조절기이고 온도 설정 방법은 부품 설명서를 참조하라.

가) 온도는 접착테이프의 접착력을 확인하여 조정한다. 약 160℃ ~ 240℃ 내에서 조정한다.

나) 히터를 켰을 때 온도 편차가 심할 경우는 온도 조절기의 AT를 실행한다.

- AT 실행방법 : 온도 조절기의 모드키와 온도 Up키를 동시에 누르면 온도 설정 값이 점멸하고 이때 히터를 켜고 설정 값은 점멸이 끝날 때까지 기다린다.

나. 터치 스크린

(1) 메인 스크린

가) Manu/Auto 스위치 : 장비를 자동 또는 수동으로 가동하기 위한 선택 스위치이다.

나) Start 스위치 : 패널 상의 Start 스위치와 동일한 동작이다.

다) Stop 스위치 : 패널 상의 Stop 스위치와 동일한 동작이다.

라) 마무리 스위치 : 마지막 작업 시 사용하는 스위치이다.

- 이 스위치를 눌러 놓으면 leader 구간이 시작되면서 작업 중인 제품을 끝까지 빼낸다.

마) feeder manu/auto : feeder부만 자동 또는 수동으로 동작시키기 위한 선택 스위치이다.

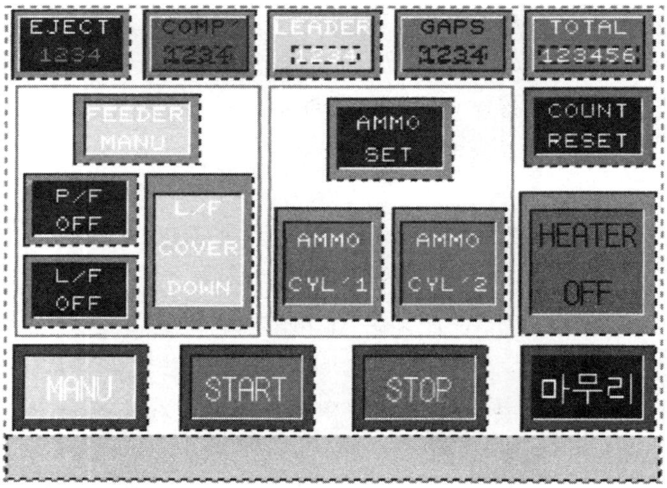

[그림 11-2] 터치스크린

- main auto 모드 전환 시 이 모드도 자동으로 전환된다.

바) Ammo Set 스위치 : Ammo로 접어주는 실린더 동작을 수동으로 조작하기 위한 스위치이다.

- 수동 스위치 동작 후 이 스위치는 자동으로 꺼진다.

① Ammo CYL'-l : Ammo-l쪽 실린더를 수동으로 조작하기 위한 수동 스위치이다.

② Ammo CYL'-2 : Ammo-2쪽 실린더를 수동으로 조작하기 위한 수동 스위치이다.

Ammo 수동 스위치 조작은 Ammo Point가 다른 경우 및 실린더 동작이 안 될 때 이외는 관리자 확인 후 조작한다.

사) component counter : 1박스 수량을 세는 카운터이다.

leader 구간이 지나가면 자동으로 리셋된다.

아) leader counter : 박스와 박스 사이의 빈 공간 수를 세는 카운터이다.

카운트가 끝나면 자동으로 리셋된다.

자) eject counter : 1 박스 내 또는 일일 불량수를 세는 카운터이다.
리셋은 수동으로 외부에서 행한다.

차) gaps counter : 1 박스 내 테이핑된 제품의 빈 공간을 세는 카운터이다.
Leader 구간이 지나가면 자동으로 리셋된다.

카) total counter : 일일 생산량 또는 LOT 생산량을 세는 카운터이다.
리셋은 수동으로 외부에서 정한다.

① counter reset

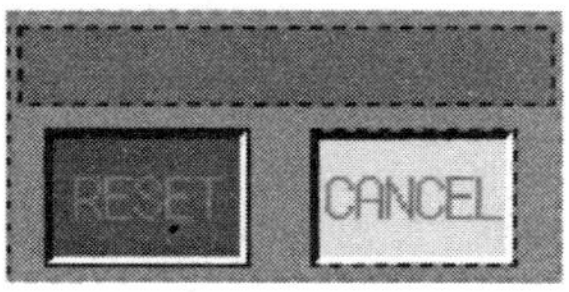

[그림 11-3] 리셋 화면

- 상기 모든 카운터를 누르면 해당 카운터 이름과 함께 옆 화면이 표시된다.
- 리셋 스위치를 누르면 해당 카운터만 지워지고, [그림 11-3] 화면은 사라진다.
- 취소(cancel) 스위치를 누르면 [그림 11-3] 화면은 사라진다.

② counter all reset : 모든 카운터를 지우는 스위치이다.

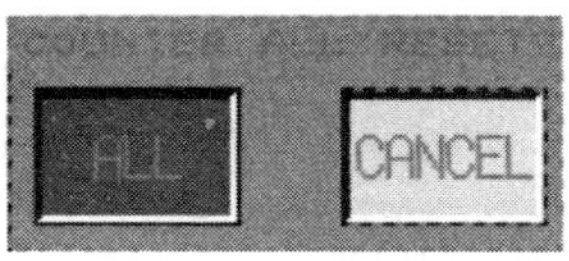

[그림 11-4] 카운터 전체 리셋 화면

- [그림 11-4] 화면에서 ALL을 누르면 상기 모든 카운터가 지워지고 이 화면은 사라진다.
- Cancel 스위치를 누르면 이 화면은 사라진다.

상기 모든 카운터는 수치 표시 부분을 눌러야 리셋할 수 있는 화면이 표시된다.

타) Heater 스위치 : 히터를 ON/OFF하는 스위치이다.

① main auto 모드시 자동으로 켜진다.

② 히터가 켜지고 약 10분 동안 장비가 가동 안 되면 꺼진다.

(2) 수동 스크린

가) Manu/Auto 스위치 : 메인 화면에 있는 Manu/Auto 스위치와 같다.
나) Stop 스위치 : 메인 화면에 있는 Stop 스위치와 같다.
다) COUNT Set Screen 스위치 : COUNT Set 화면으로 전환하기 위한 스위치이다.
라) Manual 스위치 : 각각의 실린더를 개별로 동작시키기 위한 스위치이다.

① L/F COver CYL' : L/F 상에 있는 커버를 상, 하로 동작시키는 실린더이다.
② Rotary CYL' : LED 방향을 돌려주는 실린더이다.
③ 이 스위치의 일정 부분에서만 동작된다(신호 캠-1 OFF 시).
④ Eject CYL' : Contact-2 단에서 NG 품을 빼내는 실린더이다.
⑤ AMMO KNIFE CYL' : 테이프에 25피치마다 칼로 찍어주는 실린더이다.
⑥ LEAD PRESS CYL' : 단자를 교정해주는 실린더이다.
⑦ CLUCH ON/OFF 스위치 : 수동으로 클러치를 ON/OFF(TAPE PING 구간 동력전달) 해주는 스위치이다.
⑧ BRAKE ON/OFF 스위치 : 수동으로 전자 브레이크 ON/OFF(클러치가 잘 빠질 수 있도록 잡아준다) 해주는 스위치이다.

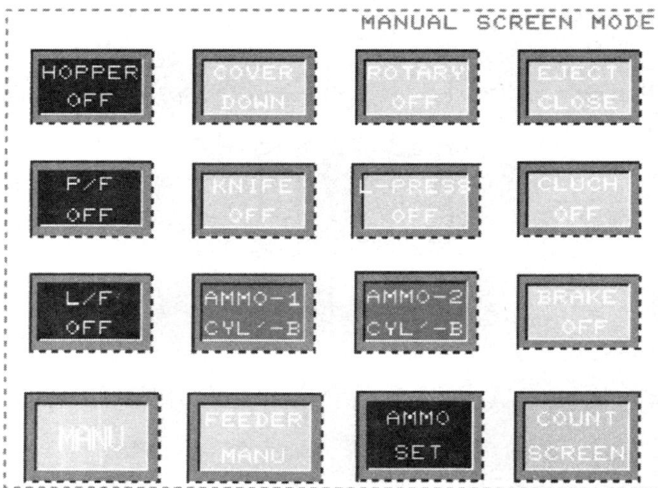

[그림 11-5] 수동 스크린

⑨ hopper : 많은 양의 LED를 보관하고 있다가 P/F에 제품을 일정량만큼 공급하는 곳으로 P/F 상에 근접 센서(ps-l)로 제어된다.
⑩ Part'S Feeder : LED를 회전 공급시켜 일렬로 정렬하는 곳으로 L/F상에 있

는 근접 센서(ps-2)에 의하여 제어된다.

⑪ linear feeder : P/F에서 정렬된 LED를 L/F에 저장하여 대기하는 곳이다.

모든 수동 스위치는 원터치 동작으로 한번 누르면 ON, 한번 누르면 OFF된다.

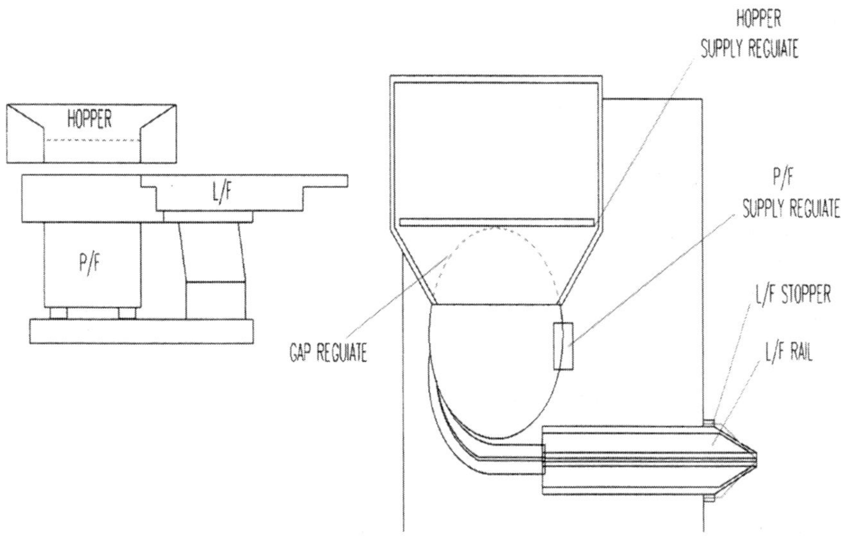

[그림 11-6] 호퍼 구조

(3) 테스트 스크린

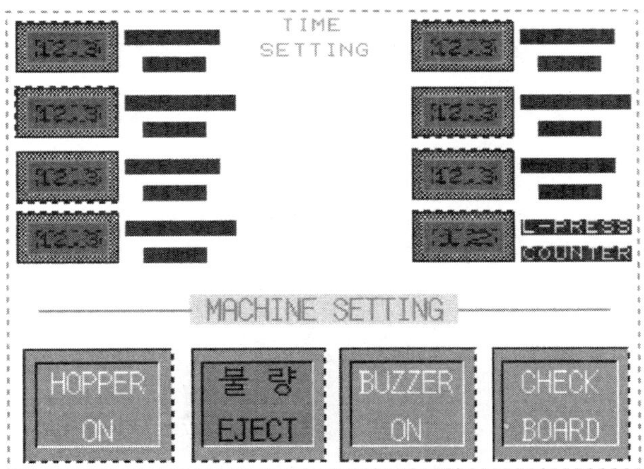

[그림 11-7] 테스트 스크린

가) hopper 사용/사용 안함

① 이 스위치는 호퍼를 사용하고, 사용 안함을 선택하는 스위치이다.

② 자재 양이 적어 P/F에만 공급할 경우 이 스위치를 사용 안함으로 선택해야 에러가 안 생긴다.

나) 불량/양품 eject

이 스위치는 eject 구간에서 불량을 빼낼 것인지 양품을 빼낼 것인지를 선택하는 스위치이다(양품 Eject 설정 시, Eject는 계속 열림).

다) 부저 ON/OFF

이 스위치는 부저를 사용하고, 안하고를 선택하는 스위치이다.

라) check board

이 스위치는 LED 타입을 설정하는 스위치이다.

single/dual 작업 시 LED check-3 구간의 작동을 ON/OFF하는 기능 스위치이다.

마) time set

① hopper ON time : 센서가 꺼지고 [그림 11-7]에서 설정한 시간이 되면 켜진다.

② hopper OFF time : 센서가 켜지고 [그림 11-7]에서 설정한 시간이 되면 꺼진다.

③ P/F ON time : 센서가 꺼지고 [그림 11-7]에서 설정한 시간이 되면 켜진다.

④ P/F OFF time : 센서가 켜지고 [그림 11-7]에서 설정한 시간이 되면 꺼진다.

⑤ L/F ON time : 센서가 켜지고 [그림 11-7]에서 설정한 시간이 되면 장비가 가동된다.

⑥ L/F OFF time : 센서가 꺼지고 [그림 11-7]에서 설정한 시간이 되면 장비가 정지된다.

⑦ A-TAPE time : A-TAPE 모터 구동 시간을 설정한다.

⑧ lead press : 단자 압착동작 횟수를 설정한다.

[그림 11-8] 시간설정용 키패드

- 시간 설정은 수치 표시 부분을 누르면 키패드가 표시되므로 시간을 설정한 후 반드시 [Enter]를 누른다.
- 타이머는 100ms 단위로 되어 있으므로 설정 시 주의를 요한다.

(4) 카운터 셋 스크린

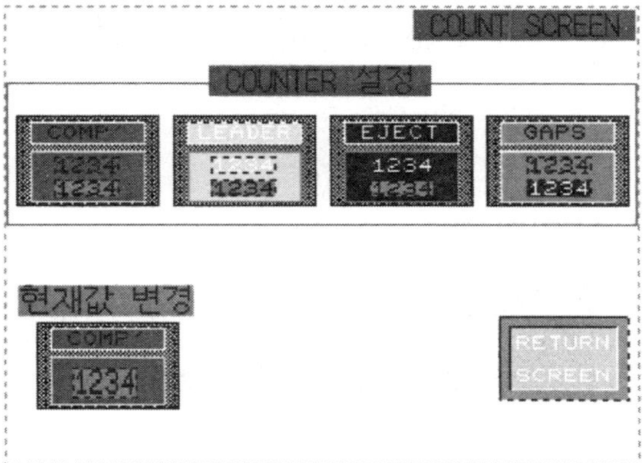

[그림 11-9] 카운터 설정 화면

㉮ Counter 설정

[그림 11-9]는 각각의 해당 카운터에 설정 값을 입력하는 화면이다.

㉯ Counter 설정 방법

① 해당 카운터의 수치 표시부분을 누르면 [그림 11-8]이 표시되며 수치를 입력하고 엔터키를 누르면 입력이 완료된다.

② 수치 변경을 하지 않을 때는 [그림 11-8]의 상단 수치 표시 부분을 누르면 화면이 사라진다.

㉰ 현재 값 변경

현재 계수된 수량을 변경할 때 사용한다.

① 수량을 변경하는 목적은 component counter의 설정 값으로 변경하면 1박스 작업이 끝나면 다시 원위치시켜야 하는 번거로움 때문이다.

② 카운터 설정 방법은 위의 카운터와 동일하다.

③ 카운터 설정 값(1박스 수량 : 2000EA)

예) 1977EA(카운터 설정 값) + 23EA(제품이 들어 있는 구간) = 2000EA(1박스 수량)

예) 1000EA(1박스) - 23(제품이 들어 있는 구간) - 977EA(카운터 설정 값)

(5) 메인 에러 스크린

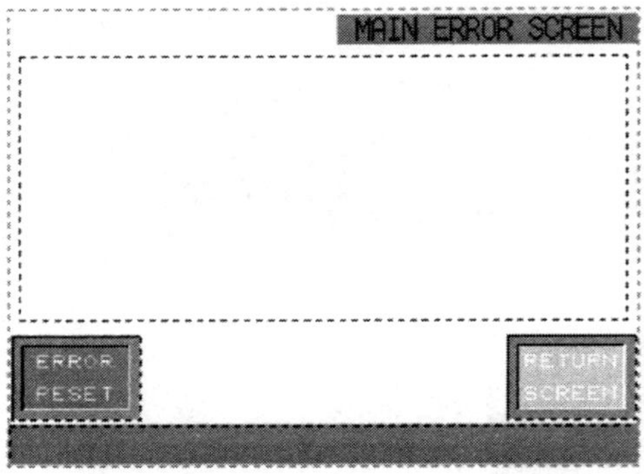

[그림 11-10] 메인 에러 스크린

가) Reset 스위치 : 에러 발생 시 이 스위치를 누르면 에러가 해제되고 자동으로 main 화면으로 전환된다.

나) 에러 표시 lamp : 에러 발생 시 해당하는 부분이 그림과 적색 램프로 점등된다.

다) 0. hopper 에러 : 자재 공급이 안 된다.

① 호퍼 확인 및 자재를 공급한다.

② 호퍼 제어 센서 ON/OFF 상태를 확인하고, 이상 시 감도를 조정한다.

라) 1. P/F 에러 : 자재 공급이 안 된다.

① 부품 공급기 확인 및 자재를 공급한다.

② P/F 제어 센서 ON/OFF 상태를 확인하고, 이상 시 거리를 조정한다.

마) 2. L/F 에러 : 자재 공급이 안 된다.

① 선형 공급기 확인 및 자재를 공급한다.

② L/F 제어 센서 ON/OFF 상태를 확인하고, 이상 시 거리를 조정한다.

바) 3. 대지 테이프 없음 : M/S가 OFF 되었다.

대지 테이프 공급 및 M/S 상태를 점검한다.

사) 4. 열접착 테이프 없음 : 센서가 OFF되었다.

열접착 테이프 공급 및 테이프 라인을 확인한다.

아) 5. main air down : 압력 스위치가 ON되었다.
공기 압력을 확인한다.

자) 6. heater 온도 에러
히터 온도 센서 및 제어기를 점검한다.

차) NG Box FULL : 카운터 수량을 지운다.
제품 확인 및 NG box를 비운다.

카) GAPS FULL : 카운터 수량을 지운다.
제품 확인 및 GAPS 카운터를 수동으로 지운다.

(6) 버스 에러 스크린

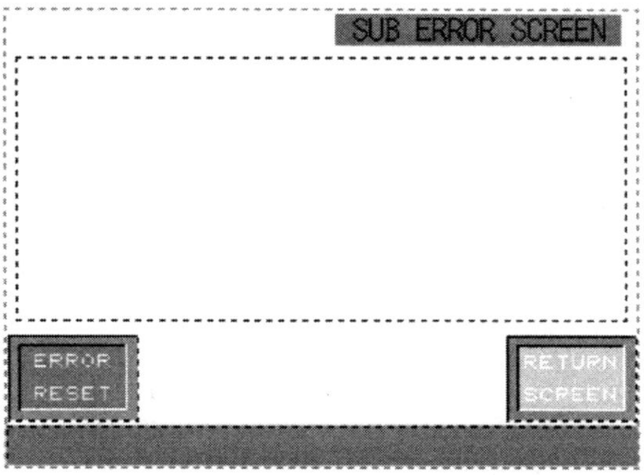

[그림 11-11] 버스 에러 스크린

가) 0. 2차 극성 확인 구간에 제품이 연속 불량이다.
제품 공급 선 및 체크보드를 점검한다.

나) 1. RAIL 끝단의 제품이 없다.
① 레일 끝단에 제품을 확인하고 반드시 제거한다.
② 제품에 이상이 없을 때 센서 감도 및 위치를 조정한다.

다) 2. F-check 에러 : LEAD 감지 안 된다.
단자 위치 및 센서 감도를 점검한다.

라) 3. contact-3 에러
접촉 확인 및 제품을 제거한다.

마) 4. hole check 에러 : 1 사이클에 센서가 ON/OFF 안된다.

홀 펀치 블록 및 피치 이송 드럼을 점검한다.

바) 5. NG Eject CYL' 동작 및 LS 감지 이상
실린더 슬라이드 및 LS 위치를 점검한다.

사) 6. Taping Clutch CYL' 동작 및 LS 감지 이상
클러치 슬라이드 및 LS 위치를 점검한다.

아) 7. Ammo CYL'-1 동작 및 LS 감지 이상
실린더 슬라이드 및 LS 위치를 점검한다.

자) 8. Ammo CYL'-2 동작 및 LS 감지 이상
실린더 슬라이드 및 LS 위치를 점검한다.

2. 유지 · 보수 설명서

가. 공급기(feeder)부

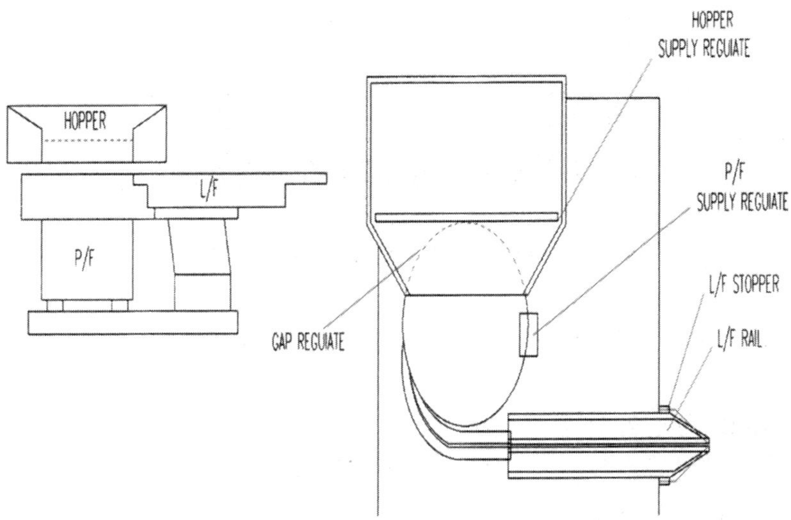

[그림 11-12] 공급기부 구성도

(1) 호퍼(hooper)

가) 많은 양의 LED를 보관하고 있다가 부품 공급부에 일정량만큼 공급하는 곳

이고 진동기로 구성되어 있다.

나) 공급량 조절은 [그림 11-12]에 보인 조정막대로 조정 및 제어기의 가변저항으로 진동량을 조정한다.

(2) 부품 공급부(Part'S feeder)

가) LED를 회전시키면서 공급하여 일렬로 정렬하는 곳으로 진동기로 구성되어 있다. 공급량 조절은 [그림 11-12]에 보인 셔터 공급량을 조정하고, 뒷부분의 gap을 조정하여 공급량을 조정한다. 또한 제어기의 가변저항으로 진동량을 조정한다.

나) LED 3φ일 때와 5φ일 때는 [그림 11-13]에서 공급량과 뒷부분의 gap을 조정해야 공급이 원활하게 된다.

다) 진동량이 크면 LED가 중간에서 떨어지는 것이 많으므로 적당하게 조정한다.

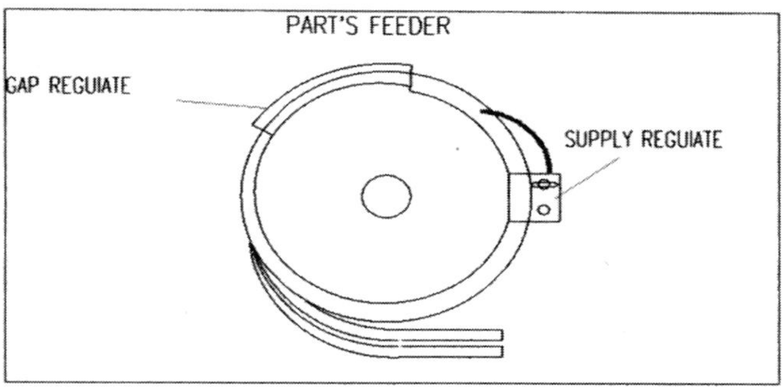

[그림 11-13] 부품 공급부 구성도

(3) 선형 공급기(Linear Feeder)

가) P/F에서 일렬로 정렬된 제품을 저장하는 곳이며 진동기로 구성되어 있다.

나) 공급 속도 조정은 제어기의 가변저항으로 진동량을 조정한다.

다) L/F 레일의 gap은 각각의 LED에 맞게 조절하여 LED가 좌우로 흔들리지 않게 다음과 같이 조정한다.

① LED 3φ일 때와 5φ일 때 LED 머리 가이드의 Gap을 조정해야 한다.

② 4mm 볼트를 풀고 해당 LED를 양쪽 끝단 쪽으로 넣고 뒤쪽은 여유를 많이 주고 앞단은 LED가 진행할 수 있을 정도의 Gap으로 설정한다.

③ LED 정지 위치 조정은 [그림 11-14]에 보인 스토퍼로 조정하거나 L/F 전체를 움직여서 클램프 위치에 맞게 조정한다.

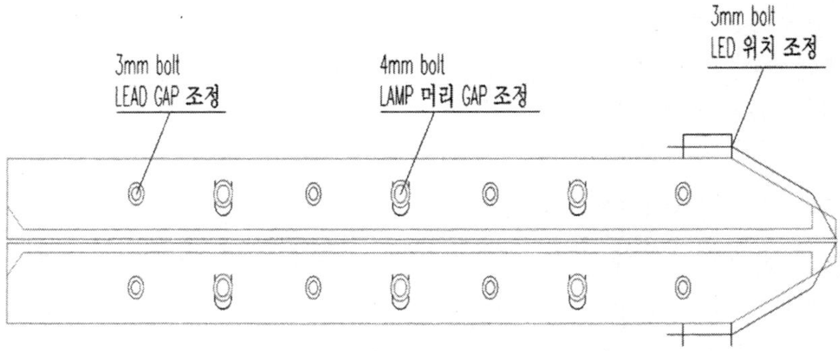

[그림 11-14] 선형 공급기 조정부

나. 공급(feeding)부

(1) 1차 클램프(clamp)

가) L/F상에 LED 머리를 물어서 공급 레일에 옮겨주는 구간으로 캠과 에어 실린더로 구성되어 있다.

나) 실린더 동작은 기계식 밸브로 캠에 의하여 정해진 시간으로 동작된다. 위치 조절은 LED가 [그림 11-15]와 같이 위치했을 때 다음 이송 척이 중앙에 위치하게 조절한다. LOT END bearing의 연결 볼트로 조절한다.

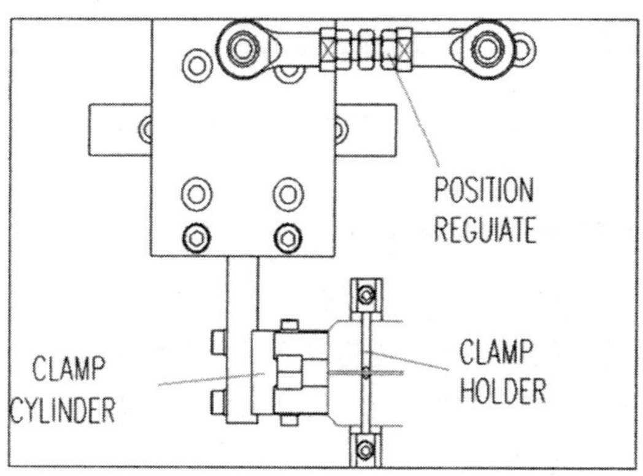

[그림 11-15] LED 이송 척의 위치 조정

다) 클램프 홀더 조립은 LED를 물었을 때 LED가 레일의 중앙에 위치하도록 조립한다.

(2) 피치 이송

가) 1차 클램프에서 이송한 LED를 일정한 피치(pitch) 간격으로 이송하여 구간별로 작업을 하고, 분류 드럼에 삽입하는 구간으로 캠과 에어 실린더로 구성되어 있다.

나) 실린더 동작은 1차 클램프 밸브를 같이 사용한다.

다) 각각의 실린더 피치는 35mm이고 이송 거리도 35mm이다.

라) 좌, 우 이동위치는 실린더가 우측에 있을 때 rotary post의 중앙에 위치한다.

마) 전, 후 동작은 레일 중앙에서 전후로 5mm씩 움직이게 한다.

(3) contact 구간

가) 캠에 의하여 전후 동작을 하며 LED 단자를 멈추고, 방향을 확인하여 일정방향으로 공급하는 구간이다.

나) 블록 전후 조정은 LOT-END Bearing의 볼트로 조정하고, 좌우는 상단 베이스 볼트 4개소를 풀어 조정한다.

다) 극성 check : LED 전압을 인가하여 체크 보드에서 방향을 확인한 다음 로터리 구간에 알려준다.

라) rotary : LED 방향을 일정하게 돌려주는 구간이다.

마) contact-2 : LED를 체크하고 양·부를 판정하여 양품은 통과시키고 불량은 다음 구간에서 배출한다.

바) ejector : 불량 제품을 빼내는 구간으로 실린더 2개로 구성되어 양쪽으로 개폐하는 방식이다.

접촉은 프로브 핀으로 LED 단자를 접촉하는 방식이므로 LED 단자와 프로브 핀 중앙이 일치해야 접촉 실수를 줄일 수 있다.

다. 테이핑(taping)

① 양품으로 공급된 제품을 대지 테이프 위에 열접착 테이프로 붙이는 구간으로 캠에 의하여 테이핑된다.

② hole punch : 테이핑된 테이프에 일정 피치로 천공하는 구간으로 테이핑 블록에 묶여서 같이 동작한다.

③ F-check : 테이핑된 제품을 센서로 체크하여 에러를 띄우는 구간이다.

④ count check : 테이핑된 제품의 실수량을 세기 위하여 센서로 제품을 체크하는 구간이다. 이 센서에 체크가 안 되면 카운트가 안 된다.

⑤ ammo knife : ammo packing을 하기 위해 25피치마다 테이프를 찍어주는 구간으로 에어 실린더로 구동된다.

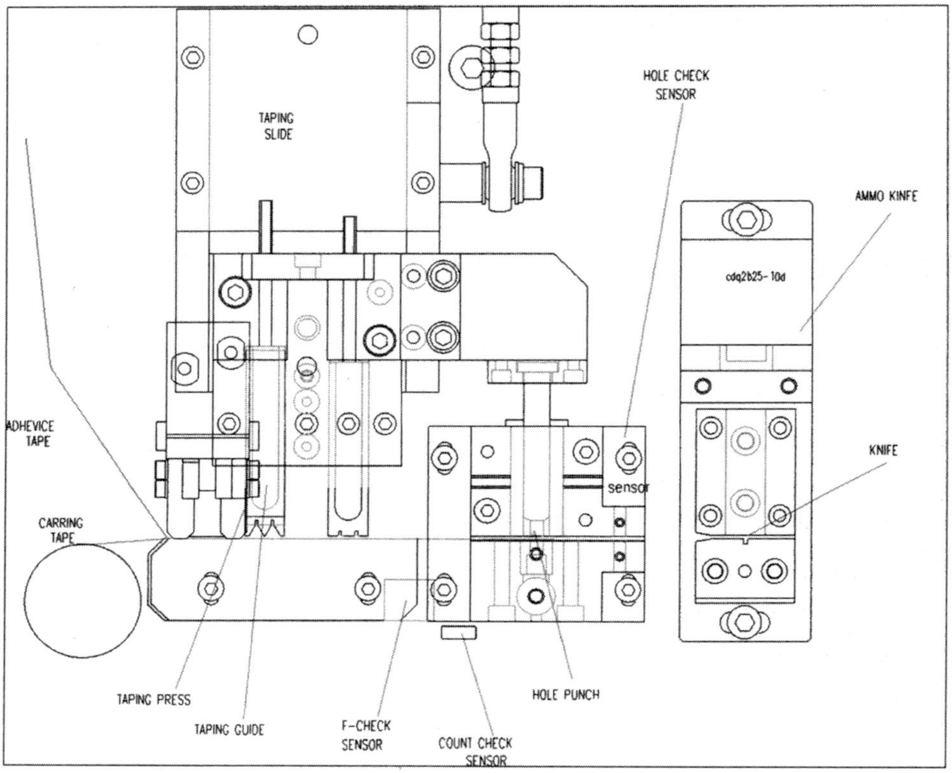

[그림 11-16] LED 테이핑 구조도

- 테이핑 시 가열 히터온도가 높으면 테이프가 타고 또한 테이핑 금형에 테이프 끈끈이가 많이 붙고, 낮으면 테이핑이 잘 안되므로 설정 시 실험해서 알맞은 온도로 설정한다.
- 홀 펀치 구간은 구멍을 뚫고 난 뒤 나오는 칩이 가끔 떨어지지 못하고 끼는 경우가 발생하므로 홀 체크 에러가 뜨면 필히 확인한다.
- ammo knife 구간은 테이프를 실린더로 찍는 구간이므로 반대편 블록 홈에 찌꺼기가 끼는 경우가 있으므로 가끔 확인이 필요하다.

라. ammo packing

① 테이핑된 제품을 박스에 포장하기 위하여 25피치마다 칼로 찍은 부분을 양쪽에서 한 번씩 번갈아 접어 정렬하는 구간이다.

② ammo 실린더 동작 시간설정은 장비를 가동하면서 칼로 찍은 위치가 양쪽 끝에 위치하고 WG 실린더가 전진 시 접히고 남는 부분이 많거나 적으면 안 된다.

- ammo set 스위치가 꺼져 있을 때 수동 스위치는 동작한다.
- 셋 스위치가 켜진 후 반드시 OFF로 전환해야 한다.

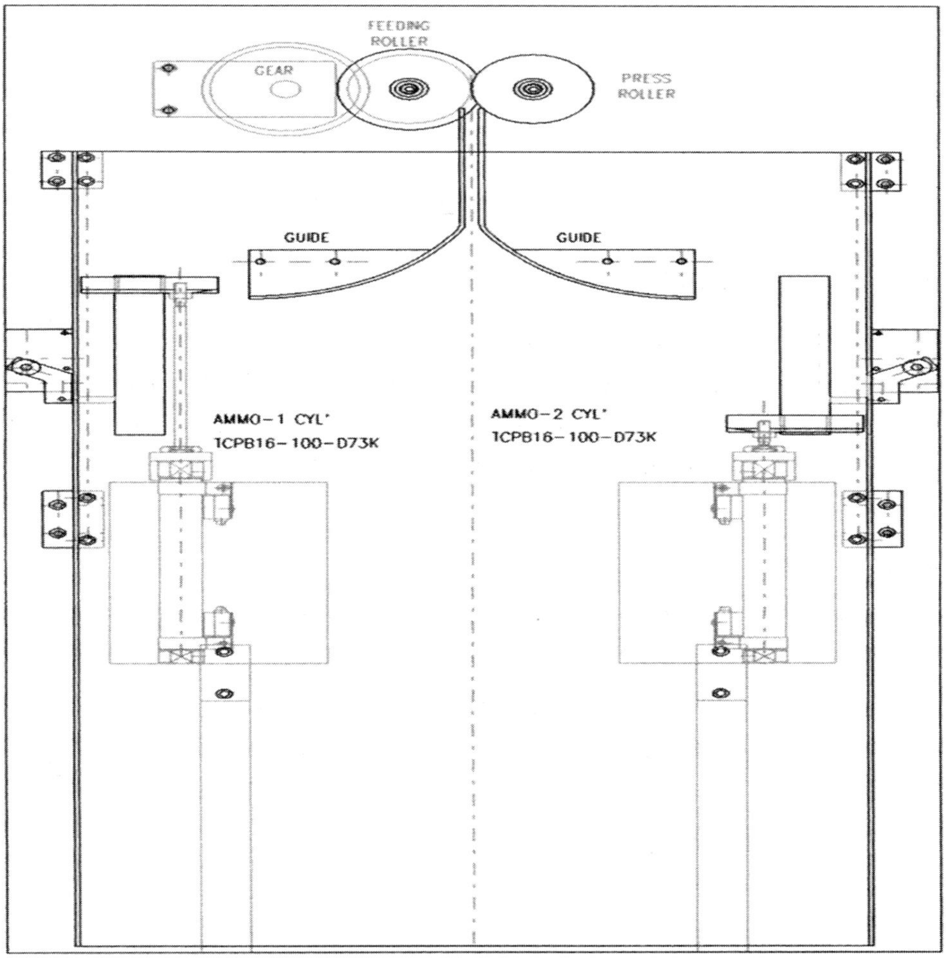

[그림 11-17] ammo packing

마. signal CAM 배치

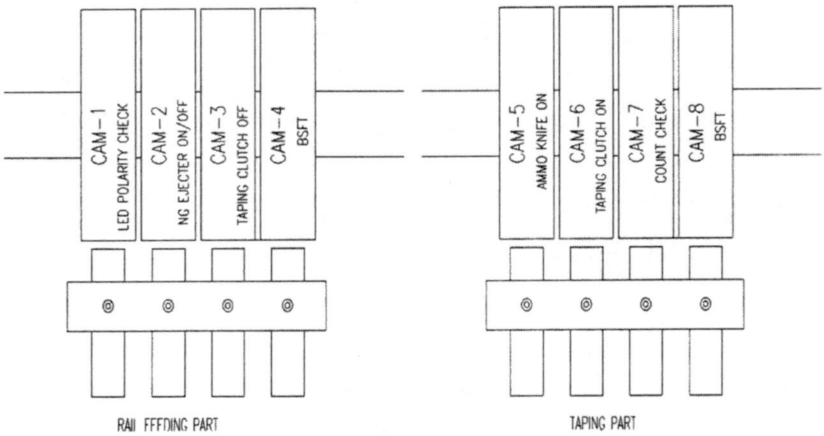

[그림 11-18] Signal CAM 배치

(1) main signal CAM

가) CAM-1 : 센서가 OFF될 때 로터리 실린더 회전신호가 나온다.
나) CAM-2 : 센서가 OFF될 때 NG 토출 실린더를 ON 또는 OFF시킨다.
다) CAM-3 : 센서가 OFF될 때 테이핑 클러치 실린더를 OFF시킨다.
라) CAM-4 : 센서가 OFF될 때 데이터를 이동시킨다.

(2) SUB signal CAM

가) CAM-5 : 센서가 OFF될 때 AMMO 칼 실린더를 ON시킨다.
나) CAM-6 : 센서가 OFF될 때 테이핑 클러치 실린더를 ON시킨다.
다) CAM-7 : 센서가 OFF될 때 LED 유·무를 확인하여 카운트한다.
라) CAM-8 : 센서가 OFF될 때 데이터를 이동시킨다.

제3절 실습순서

1. 전원을 켠다.
   가. 자동으로 가동할 때는 “counter check 센서”까지 LED를 감지할 때 이 스위치를 누르고 있어야 한다.
   나. 히터는 전원스위치를 켬과 동시에 켜지지만 10분이 지나면 자동으로 꺼지므로 그 전에 장비를 가동시키도록 한다.

2. 테스트가 끝난 LED를 호퍼에 넣는다.

3. 장비를 가동할 시간을 키패드로 입력하여 설정한다.

4. 단자 압착동작 회수를 설정한다.

5. 제품을 카운트할 카운터를 설정한다(한 박스당 2000개).

6. 열접착 테이프와 테이프 라인을 확인한다.

7. 압력 스위치의 공기압을 확인한다.

8. 히터의 온도는 160℃~240℃ 내에서 조정한다.

9. 메인 스크린의 “Start” 버튼을 터치하여 테이핑을 시작한다.

10. 실습순서에 따른 실습보고서를 작성한다.

11. 정리정돈한다.

찾아보기

LED 제조공정 실기

2012년 1월 15일 1판 4쇄 발행

저 자 박문수 · 정종욱 · 장행종 · 손영윤
발행인 남 승 우

발행처 도서출판 상尙 학學 당堂

서울시 동작구 사당로9가길6(사당동 220-43)
TEL : 02) 595-1692~4
FAX : 02) 595-1394
E-mail : namdoo6@unitel.co.kr

신고 : 2-155호 (1968. 11. 29)

정가 20,000원

ISBN 978-89-85437-38-7 93560